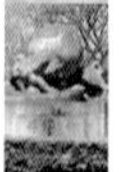

中国科大校园鸟类鉴赏指南

中国科学技术大学教务处　生命科学学院○组编

黄丽华　陆　骏　霍万里　编著

GUIDE TO BIRDS IN USTC

中国科学技术大学出版社

内 容 简 介

本书以图文并茂的形式，介绍在中国科学技术大学校园里被观察到的鸟类，尤其是常见鸟类，描述它们的特征、生活习性等知识点，并对相似鸟进行辨认，为读者亲近自然提供赏心悦目的第一手资料。

图书在版编目(CIP)数据

中国科大校园鸟类鉴赏指南/黄丽华，陆骏，霍万里编著. 一合肥：中国科学技术大学出版社，2021.5

ISBN 978-7-312-05213-2

Ⅰ. 中… Ⅱ. ①黄… ②陆…③霍… Ⅲ. 中国科学技术大学—鸟类—指南 Ⅳ. Q959.708-62

中国版本图书馆 CIP 数据核字(2021)第 080871 号

中国科大校园鸟类鉴赏指南

ZHONGGUO KEDA XIAOYUAN NIAOLEI JIANSHANG ZHINAN

出版 中国科学技术大学出版社
安徽省合肥市金寨路 96 号，230026
http://press.ustc.edu.cn
https://zgkxjsdxcbs.tmall.com

印刷 合肥市宏基印刷有限公司

发行 中国科学技术大学出版社

经销 全国新华书店

开本 787 mm×1092 mm 1/32

印张 6.625

字数 210 千

版次 2021 年 5 月第 1 版

印次 2021 年 5 月第 1 次印刷

定价 40.00 元

的校园新鸟种。此外，家养的宠物鸟和逃逸的笼养鸟不在本书的考虑范围之内。

本书的写作顺序，未按照纲、目、科、属、种的分类系统，而是从普通观鸟人的角度，按各鸟种出现的季节以及在校园里的出现频率为序，相近鸟种排在一起，以便辨识与区分，旨在方便观鸟入门者能快速识鸟、认鸟。对鸟的描述，以成年雄鸟为主。我们用星★的数量来表示鸟类在校园中的出现频率，五颗星★★★★★表示常见，四颗星★★★★表示较常见，三颗星★★★表示不常见，二颗星★★表示偶见，一颗星★表示罕见。我们还在相应鸟的版面写了一些趣味小科普，有大家耳熟能详的“燕雀安知鸿鹄之志”“两只黄鹂鸣翠柳”，也有大家不太熟知的“班嘴鸭——家鸭的祖先之一”等。本书的内容还包括鸟类的名称、形态、辨识特征、生活环境和习性、校园出现季节与校园地点等，详见本书“阅读指南”。此外我们还添加了鸟的身体结构图，方便读者阅读本书。书中所说的留鸟、夏候鸟、冬候鸟、旅鸟、迷鸟，仅适用于合肥地区。由于书上能容纳的信息有限，我们在中国科学技术大学官网的校园百科中构建了校园鸟类板块，后继会在上面不断更新鸟类信息，读者可扫描书中二维码了解对应鸟类的更多信息。本书所使用的鸟种名称主要参考《中国鸟类名录》(8.0版)和《IOC全球鸟类名录》(10.2版)。为了让读者对鸟的知识有更多的了解，更好地观鸟，我们还在附录部分增加了鸟的基础知识和观鸟需具备的知识。

中国科学技术大学教务处、生命科学学院为本书的出版提供了大力支持，中国科学技术大学学生自然保护协会的师生们提供了部分鸟类信息，夏家振、吕晨枫、孙葆根老师提供了部分鸟类照片，曲莉丽老师提供了封面剪纸作品的照片和鸟的形态图，在此我们一并表示衷心的感谢。

PREFACE

前言

经三位作者多年的努力,《中国科大校园鸟类鉴赏指南》终于跟大家见面了。本书搜集了近30年来中国科学技术大学东、南、西、北、中5个校区出现过的112种野鸟信息(由于信息来源有限,所搜集的鸟种可能不完善)。鸟类的分布与校园的生态环境密切相关,由于校园的一些生态环境发生改变,依赖此生境的鸟也随之不再有记录,如前些年出现在国家同步辐射实验室院里的黑眉苇莺,20年前出现在西区操场的三道眉草鹀、生命科学学院区域的白胸苦恶鸟等。就在我们将要交稿时,又有校园新鸟种鹗、安徽新鸟种红嘴山鸦,从校园上空飞过,校园新鸟种环颈雉,鸟撞在校园。现在正值鸟类的迁徙季节,说不定就在此书出版之际,又会出现此前从未记录过

FOREWORD 序

《中国科大校园鸟类鉴赏指南》是一本着眼于校园野生鸟类的形态特征，对其种类进行识别、辨认的工具书。正如动物学家珍·古道尔说的那样，"唯有了解才会关心，唯有关心才会行动。"黄丽华老师和两位科大学生拿出了做科研的精神，拍摄了许多精美的照片，附上了生动简洁的介绍，我们得以从中了解这些目之所及的小精灵，了解它们的名字、特征和习性。我相信，一本优秀的鸟类图鉴影响力绝不仅限于作为工具书，它对公众关注生物多样性、推动鸟类乃至整个自然环境保护工作都具有非凡的意义。

包信和

中国科学技术大学校长

中国科学院院士

三位编者都非鸟类学专业出身,且都有自己的本职工作,只凭着对中国科学技术大学和鸟类的热爱,利用业余时间,完成了此书的编写,只为更多的人能通过此书认识鸟类,从而关心校园环境,热爱大自然。本书中对鸟的描述,仅限中国科学技术大学校园鸟类,其他地区鸟的辨识,只能作为参考。书中难免有错误,恳请读者给予体谅和指正,我们将在重印时加以更正。

编　者

2021 年 4 月

普通翠鸟(pǔ tong cuì niǎo)

Ⓛ体　　长/24—26 cm

Ⓕ出现频率/☆☆☆☆

Common Kingfisher/*Alcedo atthis*

漂亮的叼鱼郎

📷 ×××

辨识特征　蓝绿色的小鸟，与众不同，几乎不会被错认。头和背蓝绿色，耳羽白色，腹部黄色，嘴长。叫声长而尖，会从水面快速掠过，像一道蓝色的闪电。

生活环境和习性　常见于水面上的岩石和枝头上，会冲入水中捕食鱼类。筑巢于水岸边的洞穴。

国内分布　除西北以外的所有地区。

校园观鸟地点　学校水塘和二里河岸上或岸边树的枝头。

校园观鸟季节　全年。

阅读指南

中文名

用微信扫此二维码，可链接到中国科学技术大学校园百科→科大校园→校园鸟类

汉语拼音

体长

拉丁文学名

英文名称

一句话描述

五颗星表示常见，四颗星表示较常见， 三颗星表示不常见，二颗星表示偶见，一颗星表示罕见

没有注明拍摄者的照片皆为作者的作品

鸟的身体结构图

目录

CONTENTS

中国科大校园鸟类鉴赏指南

留鸟

麻雀(má què)

体　　长/13—15 cm

出现频率/★★★★★

Eurasian Tree Sparrow/*Passer montanus*

脸上有颗大痣的雀

辨识特征　体型矮圆,整体棕褐色。头顶棕色,喉黑色,背褐色具黑色斑纹。成年鸟脸上有大大的黑点,非常醒目。

生活环境和习性　成群结队,依人而居,是中国城市中较常见的小型鸟类之一。喜欢在建筑物的孔洞中筑巢。

国内分布　遍布全国。

校园观鸟地点　全校。

校园观鸟季节　全年。

麻雀衔巢材

麻雀筑巢于屋檐下

麻雀只使用少量的材料筑巢，喜爱借助已有的洞穴、房檐、空调、排气管道等，这些都是它们筑巢的绝佳位置。

科普小知识

对于大多数人来说，麻雀已经成为了鸟类的代名词，都说自己认识麻雀，但所指的“麻雀”并不一定是麻雀。麻雀数量虽多，但在校园中分布却极不均衡，它们更喜欢聚集在人居环境附近，如果你在食堂门口看到很多叽叽喳喳在地上抢食的、背上具有黑色斑纹的褐色小鸟，无疑就是麻雀本尊了。

集群的麻雀

白头鹎(bái tóu bēi)

L 体　长/17—22 cm

F 出现频率/

Light-vented Bulbul/*Pycnonotus sinensis*

又名白头翁，头带白帽子

辨识特征——体型中等，头部顶黑而枕白，背部呈橄榄绿色，肚子白色。成年鸟头上的白色非常明显，亚成鸟的头部无白色。

生活环境和习性——成群结队在树林和灌木丛中搜寻虫子或枝头的果实。是南方城市较常见的小型鸟类之一。鸣唱的声音与平时的叫声区别很大，非常悦耳动听。

国内分布——华南、华东及云贵部分地区，近年来北扩到辽宁。

校园观鸟地点——全校。　　**校园观鸟季节**——全年。

白头鹎幼鸟

科普小知识

白头鹎是校园很常见却又不怎么引人注意的小鸟，它个头和麻雀差不多大，常常三两相伴在树上觅食。白色的头部让人联想到白头老翁，遂常被称为“白头翁”。值得一提的是，它委婉动听的歌声往往比它的样子更引人注意。

山斑鸠(shān bān jiū)

L 体　　长/32 cm

F 出现频率/

Oriental Turtle Dove/*Streptopelia orientalis*

翅膀上有棕色的贝壳状花纹的“鸽子”

辨识特征 脖子上有黑白相间的斜条纹(“川”字纹),背部有深棕色的贝壳状花纹;繁殖期胸前颜色偏粉色,飞行中尾巴展开,末端的白色连在一起。易与珠颈斑鸠混淆。

生活环境和习性 行为与鸽子类似,喜欢成群出现在城市绿地,不太怕人,比起珠颈斑鸠更喜欢出现在大片树林的深处。

国内分布 全国广泛分布,在东北为夏候鸟。

校园观鸟地点 校园的树林以及树林附近。**校园观鸟季节** 全年。

山斑鸠尾羽末端白色

山斑鸠尾巴展开末端呈一条白线

珠颈斑鸠(zhū jǐng bān jiū)

体　　长/30 cm

出现频率/★★★★★

Spotted Dove/*Spilopelia chinensis*

带着珍珠项链的“鸽子”

辨识特征　脖子上戴了黑白珍珠项链的鸽子样鸟类，翅膀褐色，几乎没有花纹。繁殖期胸前颜色粉色，非常醒目，飞行中尾巴展开，末端的白色不连起来。

生活环境和习性　习性与鸽子类似，喜欢成群出现在城市绿地，不太怕人，比起山斑鸠更容易出现在开阔的环境。

国内分布　华北、华中、西南、华东和华南地区。

校园观鸟地点　校园的树林附近。　**校园观鸟季节**　全年。

珠颈斑鸠尾羽末端两侧白色

珠颈斑鸠尾巴展开末端白色断开

珠颈斑鸠的巢

科普小知识

珠颈斑鸠经常和鸽子一样在地上一边点头一边踱步，并且和人群保持着不远不近的距离，让你用肉眼便可以欣赏到它脖子上那串漂亮的珍珠项链，有时会让人觉得这是不是家养的鸽子。珠颈斑鸠会用小树枝搭建一个小巢，将蛋产在里面。有时候巢小到孵蛋的时候珠颈斑鸠的尾巴都会露出来。珠颈斑鸠对筑巢的地点和材料极不讲究，有时甚至会在阳台的花盆里筑巢，巢材五花八门，甚至会有废弃的铁丝。珠颈斑鸠会用自己分泌的鸽乳来喂养小鸟，小斑鸠一般 20 天左右就能出巢飞行。

乌鸫(wu dong)

L 体　　长/21—30 cm

F 出现频率/☆☆☆☆☆

Chinese Blackbird/*Turdus mandarinus*

全身黑色、嘴巴黄

辨识特征　全身黑色、嘴巴黄色的鸫。体型中等，除嘴和眼圈呈黄色，全身乌黑。雄鸟相比较雌鸟颜色更黑，嘴巴更黄。

生活环境和习性　栖息于树林，于地面取食，三两成群；因善于模仿其他鸟类的叫声，被称为“百舌鸟”。

国内分布　西北、华北、西南、华中、华东和华南地区。

校园观鸟地点　全校的绿地随处可见。

校园观鸟季节　全年。

乌鸫育雏

乌鸫“拨”蚯蚓

科普小知识

乌鸫常在枝头鸣唱，叫声明亮且委婉多变；喜欢在地面上翻找食物，特别是在雨后校园的草坪上，常常能看到乌鸫在“拨”蚯蚓。

八哥(ba ge)

体　　长/23—28 cm

出现频率/

Crested Myna/*Acridotheres cristatellus*

"鼻毛"高耸，有白色翼斑的鸟

辨识特征　体大，黑色。嘴基部有一撮明显的"鼻毛"，脚黄色。翅膀上有白斑，翅膀收起时不明显，但是飞起时两个白斑非常明显。

生活环境和习性　集小群活动，出没于开阔的地面和水边。

国内分布　秦岭淮河以南地区。

校园观鸟地点　学校草坪。

校园观鸟季节　全年。

八哥飞起时翅膀上有非常明显的白斑

科普小知识

不仔细看的话，很多人会把八哥和乌鸫搞混。但其实它们的关系并不近，八哥和灰椋鸟、丝光椋鸟才是表亲戚。八哥最引人注目的地方就是它们嘴基部的那一撮毛了，向上翘起来十分有意思。

灰喜鹊(huī xǐ què)

体　　长/33—40 cm

出现频率/

Azure-winged Magpie/*Cyanopica cyanus*

戴着黑帽子的浅蓝色喜鹊

辨识特征　体修长，整体灰蓝色。头顶黑色，像戴了一个黑色的帽子；背灰色，翅膀淡蓝色，整个后背特别淡雅，腹部白色；尾巴长，末端呈白色，滑翔时展开呈楔形。

生活环境和习性　喜欢成群结队栖息于树林中，聚在一起非常吵闹，常见于城市绿地。

国内分布　中国中西部及华东、华北和东北地区。

校园观鸟地点　全校。　　校园观鸟季节　全年。

灰喜鹊亚成鸟

灰喜鹊飞行时尾巴展开呈楔形

科普小知识

灰喜鹊是安徽省省鸟，在中国科学技术大学校园中几乎随处可见，经常看到它们“拉帮结派”，吵吵闹闹地打“群架”，是当之无愧的“校园社会哥”。

喜鹊(xǐ què)

L 体　　长/40—50 cm

F 出现频率/★★★★★

Oriental Magpie/*Pica serica*

叫声像机关枪的报喜鸟

辨识特征　体型修长,黑白相间。全身偏黑,肚子白色。翅膀和尾巴金属蓝色,腰白色,尾巴长。叫声沙哑,常被错认为乌鸦。

生活环境和习性　非常适应人居环境,城市绿地常见,常到开阔地面寻找食物。不怕人,会在树上或电线上筑一个大大的球形巢穴。

国内分布　除青藏高原外的大部分地区。

校园观鸟地点　多见于东区家属区,喜欢在高大的树木之间飞行和停歇。

校园观鸟季节　全年。

飞翔的喜鹊

喜鹊的巢

阳光下喜鹊翅膀和尾巴带有金属光泽

科普小知识

喜鹊和乌鸦都属于鸦科，却在传统文化中有着截然不同的地位，黑白相间的喜鹊总是和“好运”相联系，而通体黑色的乌鸦总是与“倒霉的事”相联系。喜鹊声音沙哑，叫声可不算动听，有时发出机关枪一样的“咔咔咔”叫声。喜鹊脾气也不小，勇敢好斗，甚至三两成群就敢和食物链顶端的老鹰打架。

鹊鸲(què qú)

L 体　　长/20 cm

F 出现频率/

Oriental Magpie Robin/*Copsychus saularis*

爱翘尾巴的黑白两色鸟

辨识特征 体型修长,呈黑白两色。走路或停歇时长长的尾巴都喜欢一翘一翘的。头、腹部、背部黑色,腹部白色。黑色的长尾巴两侧白色,黑色翅膀上有白色条纹。雄鸟偏黑色,雌鸟偏灰色。

生活环境和习性 歌声非常悦耳动听,喜欢在树林灌木丛和草地活动。不太怕人,常见于人居环境。

国内分布 秦岭淮河以南地区。

校园观鸟地点 东区家属区的草地附近。**校园观鸟季节** 全年。

鹊鸲雌鸟

科普小知识

鹊鸲看起来就像一只小型的喜鹊，与喜鹊体型相差很大，喜欢在草坪上走来走去，或者停在枝头引吭高歌，停下来休息时尾巴还一翘一翘的，十分有意思。鹊鸲平常会发出“嘶嘶”的声音，但是一旦唱起歌来，歌声却非常悦耳。

白鹡鸰(bái jí líng)

Ⓛ体　　长/18 cm

Ⓕ出现频率/☆☆☆☆☆

White Wagtail/*Motacilla alba*

沿波浪线飞行，爱抖尾巴的鸟

辨识特征——体型修长，整体灰白色。腹部白色背灰色，黑色的胸兜与白色的肚子和脸颊对比明显。有很多亚种，各亚种之间黑色胸兜的大小会有很大的区别。在空中沿波浪线飞行，喜欢一边飞一边叫。停歇时，尾巴常常上下不停摆动。

生活环境和习性——非常喜欢在水边活动，常出现在水边开阔的绿地，不太惧怕人。

国内分布——几乎遍布全国。

校园观鸟地点——多见于学校的大草坪，尤其是水边的草坪。

校园观鸟季节——全年。

白鹡鸰育雏

科普小知识

白鹡鸰整体素雅，步态轻盈，常单独或三两只出现在校园草坪，走一小段就会停下来，好奇地向周围看两眼，然后又继续迈着小碎步往前走去，活泼可爱。停在一个地方时，尾巴不停地上下抖。如果突然飞起来，便在空中一上一下划出一条波浪线，一边飞还一边叫出自己的名字"jiling-jiling"。

丝光椋鸟(sī guāng liáng niǎo)

L 体　长/20—23 cm

F 出现频率/☆☆☆☆☆

Red-billed Starling/*Spodiopsar sericeus*

绸缎般的椋鸟

辨识特征 绸缎般的椋鸟,体型中等,整体灰白色。发白的头部与灰色的身体界限分明,头部的羽毛有丝绸质感,翅膀和尾巴深蓝色。有些个体颜色会比较深,头部白色的纯度也不相同,但是头上的羽毛都具有丝绸质感,翅上有白斑,飞在天上像一个小三角形。

生活环境和习性 非常喜欢聚群活动,习性与灰椋鸟类似,常混群活动。

国内分布 秦岭淮河以南。

校园观鸟地点 全校绿地常见,春秋季在天使路和勤奋路上尤其密集。

校园观鸟季节 全年。

集群的丝光椋鸟

科普小知识

灰椋鸟和丝光椋鸟喜欢集大群活动，尤其是傍晚和清晨，大群的椋鸟密密麻麻地站在枝头和房顶，甚至能把树枝压弯。每年迁徙季，铺天盖地的椋鸟来到第一教学大楼附近的天使路和勤奋路，相当热闹，给路面铺上一层“天屎”和“禽粪”。椋鸟翅膀相对短小，如果你看到一群“三角形”飞过天空，那便是椋鸟了。

小䴙䴘(xiǎo pì tī)

Ⓛ体　　长/27 cm

Ⓕ出现频率/★★★★★

Little Grebe/*Tachybaptus ruficollis*

善于潜水的红颈“小鸭”

辨识特征　像没有尾巴的小鸭子,夏季繁殖羽头部、颈部棕红色非常醒目,嘴基部还会出现黄色斑点,冬天灰褐色。会潜入水中,体型比家鸭小很多而不会被错认。

生活环境和习性　常见于各种水域,会潜入水中捕食鱼虾,起飞前需要在水面助跑一段距离,会把小鸟托在身上照顾。

国内分布　除西北以外的所有地区,在新疆西北亦有分布。在东北、新疆西北和华北地区为夏候鸟。

校园观鸟地点　常见于西区二里河、也西湖,东区眼镜湖。

校园观鸟季节　全年。

小䴙䴘冬羽

小䴙䴘育雏

科普小知识

小䴙䴘估计是人们见得最多的水鸟了，但是却鲜有人知道它们的大名。无论是荒废的小水塘还是大江大河，你都能看到一个个圆球漂浮在水面上，然后忽地一下又不见了，接着听到有人说，快看野鸭子！它们还会潜水呢。正是因为拥有和鸭相似的生活环境以及长相，䴙䴘们总是会被误认为是鸭子。但是其实它们有很大的区别。小䴙䴘的脚趾之间并没有鸭子那样连接的蹼，而是一瓣一瓣分开的蹼。它们腿的位置也不在身体正下方，而是在很靠后的位置，这样的结构虽然能给它们在水中提供更多的动力，但是也导致了它们在陆地上的活动异常艰难，不能像鸭那样快速行走。小䴙䴘在不同的阶段还拥有不同的形态。在幼年时，它们身上长满了条纹，并且会被妈妈托在背上。长大后，到了夏天，又变得非常显眼，有着红红的脖子和白色的嘴基，身体上半部分都变成了黑色，对比非常明显。到了冬天，褪下鲜艳的繁殖羽，全身都变得灰不溜秋的。有时候繁殖羽和非繁殖羽的小䴙䴘待在一起，还会被人误认为两种鸟。

黑水鸡(hei shuǐ jī)

L 体　　长/24—35 cm

F 出现频率/

Common Moorhen/*Gallinula chloropus*

额红、脚绿、屁股白

辨识特征 头顶上有一顶红色的额甲，全身接近黑色，翅膀收拢于身体侧面形成一道白线。脚黄绿色，爪长，在水中游泳或岸上踱步时白色的屁股都一翘一翘的。

生活环境和习性 喜欢成小群在水边的草丛和水面上活动，发出“咕”的一声长啸。

国内分布 繁殖于东北、华北和新疆西北部地区，在秦岭淮河以南地区为留鸟。

校园观鸟地点 学校水塘周围的草丛或水面上。

校园观鸟季节 全年。

黑水鸡育雏

科普小知识

黑水鸡虽然名字中含有鸡字，而且长得也像鸡，但是它与我们熟知的家鸡关系却并不近，黑水鸡实际上是一种秧鸡科的鸟。秧鸡这一类鸟大多喜欢生活在湖泊和沼泽这样的环境中，它们一般具有短小的翅膀和长长的脚爪，有的脚爪还和黑水鸡一样长有瓣蹼。这样的脚爪可以方便它们涉水和在水面上的植物上行走和游泳。黑水鸡既然生活在水中，那它们的食谱自然以水中的鱼虾昆虫和水生植物的嫩叶为主。刚孵出的黑水鸡就像一个小煤球，黑不溜秋，头顶上还秃了一块露出红色的头皮，样子十分可爱。

棕背伯劳(zōng bèi bó láo)

体　　长/23—28 cm

出现频率/

Long-tailed Shrike/*Lanius schach*

背部棕色，嘴具弯钩，戴着黑眼罩

辨识特征　尾长的中型鸟类，嘴尖具钩。具有黑色的眼罩，翅膀和尾巴黑色，背和腰棕色，翅膀上有时会有一个小白斑。

生活环境和习性　常见于空旷地方的枝头和电线上。性情凶猛，捕食其他小型鸟类和小型动物，会将捕食到的猎物串在树枝上，能模仿其他鸟类的叫声。

国内分布　黄河以南地区。

校园观鸟地点　学校草坪附近的大树上以及同步辐射实验室附近。

校园观鸟季节　全年。

棕背伯劳亚成鸟

科普小知识

伯劳是非常凶悍的一类鸟，有小猛禽之称，它们有着与自己体型不相称的狂野。它们的食谱包括小蛇、小蜥蜴、小青蛙甚至麻雀。由于体型过小，它们捕到猎物后没办法用自己的力量将肉撕下来，因此会把猎物挂在树枝上，借助树枝的力量来撕扯猎物的肉。

普通翠鸟(pǔ tōng cuì niǎo)

体　长/24—26 cm

出现频率/

Common Kingfisher/*Alcedo atthis*

漂亮的叼鱼郎

辨识特征　蓝绿色的小鸟，与众不同，几乎不会被错认。头和背蓝绿色，耳羽白色，腹部黄色，嘴长。叫声长而尖，会从水面快速掠过，像一道蓝色的闪电。

生活环境和习性　常见于水面上的岩石和枝头上，会冲入水中捕食鱼类。筑巢于水岸边的洞穴。

国内分布　除西北以外的所有地区。

校园观鸟地点　学校水塘和二里河岸上或岸边树的枝头。

校园观鸟季节　全年。

普通翠鸟雌鸟

科普小知识

翠鸟通常伫立于水面上的树枝或者池塘的岸边，或者从水面上迅速飞过，并伴随着它独有的尖叫声，雌鸟嘴巴的下颚为橘黄色。繁殖期，雄鸟会叼着鱼在雌鸟身边献殷勤，以求得雌鸟的欢心。一旦求爱成功，它们会在岸边寻找或者自己挖一个深深的洞穴作为生儿育女的育婴室。别看翠鸟个子小小的，它们挖的洞深度能超过 1 米。翠鸟的羽毛被阳光照射后，可以反射出非常艳丽的蓝绿色，并且会随着观察的角度改变颜色，即使羽毛掉落，也不会褪色。

黑尾蜡嘴雀(hei wěi là zuǐ què)

L 体　　长/17—21 cm

F 出现频率/

Chinese Grosbeak/*Eophona migratoria*

头戴黑色头巾，爱“嗑瓜子”

辨识特征——头戴黑色头巾，爱“嗑瓜子”的雀。体型矮胖，圆滚滚的脑袋几乎看不到脖子，黄色的嘴短而粗壮，嘴尖黑色。黑色的翅膀具有白色的翅尖。胁部有淡淡的橘黄色。雄鸟头黑色，雌鸟头部和身体颜色接近，都为灰褐色。

生活环境和习性——常见于公园、果园的林地中。吃东西时会发出嗑瓜子的声音，歌声婉转。

国内分布——中国东部和中部地区。

校园观鸟地点——学校草坪附近的绿地。

校园观鸟季节——全年。

黑尾蜡嘴雀雌鸟

科普小知识

黑尾蜡嘴雀是非常有意思的一类鸟，其实它们身体还挺长的，但是由于脑袋圆圆的，嘴巴又短，所以看起来像个胖墩。黑尾蜡嘴雀雌雄异色，雄鸟黑色的头部和尾巴非常显眼。它们可以用自己厚实的嘴巴咬破难啃的种子，所以如果在树林中听到“嗑瓜子”的声音，那可能就是黑尾蜡嘴雀了。黑尾蜡嘴雀唱歌十分动听，但是这却给它们带来了“牢狱之灾”，很多黑尾蜡嘴雀被人非法捕抓进了鸟笼。

灰椋鸟(huī liáng niǎo)

Ⓛ体　　长/18—24 cm

Ⓕ出现频率/☆☆☆☆☆

White-cheeked Starling/*Spodiopsar cineraceus*

飞在天上的灰色“三角形”

辨识特征——体型中等,整体灰色。黑色的头部却有着白色的脸颊,白色的腰在褐色的背上非常显眼,嘴和脚为明亮的橘黄色。飞在天上像一个小三角形。

生活环境和习性——非常喜欢聚集成上百只的大群活动,常见于有稀疏树木的开阔郊野及农田。

国内分布——夏天繁殖于东北、华北和华中北部,冬季在长江流域及以南地区和中国西南地区越冬。

校园观鸟地点——全校绿地常见,春秋季在天使路和勤奋路上尤其密集。

校园观鸟季节——全年。

黑脸噪鹛(hei liǎn zào méi)

体　　长/27—32 cm

出现频率/☆☆☆☆

Masked Laughingthrush/*Pterorhinus perspicillatus*

脸部黑色，叫声很大

辨识特征 尾长的中型灰色鸟类，头顶灰色，黑色的脸和黄色的臀部与身体的褐色对比强烈。

生活环境和习性 喜欢生活于浓密的灌丛和树林中，性情喧闹，常发出刺耳的叫声。在一些地方已经非常适应城市生活，常出现在空旷地区，不太惧怕人。

国内分布 秦岭淮河以南地区，但不包括云南西部、台湾和海南岛。

校园观鸟地点 西区花圃和二里河。 校园观鸟季节 全年。

戴胜(dài shèng)

L 体　　长/26—28 cm
F 出现频率/☆☆☆

Common Hoopoe/*Upupa epops*
有神气羽冠的鸟

辨识特征 不会被错认的长相奇特的棕色鸟类。背上和翅膀上有黑白相间的横纹,翅膀和尾巴展开各有一道醒目的白色斑纹。长长的嘴巴略向下弯曲,常被误认为啄木鸟。头上的棕色羽毛顶部呈黑色,可以打开成扇子状,如戴华胜。其名字亦得名于头上张开的冠羽。

生活环境和习性 筑巢于树洞中,巢中气味非常难闻,喜欢在开阔地面用嘴巴翻找食物。

国内分布 中国大部分地区可见,在南部地区为留鸟。

校园观鸟地点 偶见于学校草坪。

校园观鸟季节 全年。

戴胜冠羽展开 /夏家振

科普小知识

戴胜实在是太奇特了，奇特到每当有人在学校的草坪上看到它时，都会惊呼原来身边还有这么奇怪的鸟。它们本身颜色就很显眼，头上的羽冠还可以像扇子一样打开、收起。细长而略微弯曲的嘴巴又常被人误认为是啄木鸟，其实它的长嘴巴是伸到土里面抓虫子用的。戴胜在树洞中筑巢，并且因为自己的尾脂腺会分泌出一种很臭的液体，巢中臭气熏天，因此它又被人称为“臭咕咕”。

金翅雀(jīn chì què)

L 体　　长/12—14 cm

F 出现频率/☆☆☆

Grey-capped Greenfinch/*Chloris sinica*

翅膀上黄斑明显的雀

辨识特征 嘴短而厚的小鸟，腹部和背褐色，臀部黄色，翅上金色的斑纹非常显眼，翅膀展开时更加明显，从天空飞过能明显看到金色的翅斑随着翅膀上下挥动。

生活环境和习性 生活于灌丛、旷野、树林以及乡村地带。

国内分布 中国中部和东部地区。

校园观鸟地点 东区石榴园。

校园观鸟季节 全年。

金翅雀亚成鸟

科普小知识

金翅雀是一种飞在空中很醒目的小鸟，原本身上就带有黄色，但是金色的翼斑还是显得非常耀眼。它们喜欢飞到学校的鹅掌楸上，用短厚的嘴巴把鹅掌楸的种子一颗颗拔下来，然后像人们吃瓜子一样把种子的外壳咬开，样子十分有趣。

远东山雀(yuǎn dōng shān què)

体　　长/13—15 cm

出现频率/

Japanese Tit/*Parus minor*

肚子挂着"T"形拉链

辨识特征　体型较小,黑白相间,头黑色而脸白色,蓝色的翅膀上有一条白色的横纹。黑色的喉咙延伸出一条长长的黑色条带,直到白色的腹部。

生活环境和习性　常见于树林,活泼好动,筑巢于树洞中。

国内分布　东北、华北、华中、华东、西南和华南地区。

校园观鸟地点　全校树林可见。

校园观鸟季节　全年。

远东山雀亚成鸟

科普小知识

远东山雀即是人们常说的大山雀，只是由于原本的大山雀的好几个亚种都独立成单独的物种了，所以我们身边熟悉的大山雀就被“剥夺”了自己本来的姓名，被改名成远东山雀。远东山雀是大伙熟知的益鸟，小朋友的启蒙图书中经常提到它是森林的医生。可是当真正看到它的时候却不明白它为什么会被称为“大山雀”。这是因为山雀科的鸟普遍身形较小，和它们表兄弟比起来，它俨然已是个巨无霸了。

银喉长尾山雀(yín hóu cháng wěi shān què)

L 体　　长/10—13 cm

F 出现频率/☆☆☆☆

Silver-throated Bushtit/*Aegithalos glaucogularis*

银灰色的长尾巴小鸟

辨识特征　体小但尾巴甚长，黑色的头顶有一条白色纵纹，长尾巴黑色，身体其他部分银灰色。

生活环境和习性　活泼好动，集小群在树枝间觅食。

国内分布　华北、华中、华东地区及甘肃、青海、四川等省份。

校园观鸟地点　学校各处树林。

校园观鸟季节　全年。

银喉长尾山雀亚成鸟

科普小知识

长尾山雀是一类小巧且讨人喜爱的小鸟。它们会成群结队出现在你的头顶,“叽叽叽”地叫着,但是又不像柳莺那样马上就从你的视野中消失。它们会在一棵树上,上蹿下跳活动好一阵子,让你一次看个够。有时候还会遇到尾羽脱落的长尾山雀,没有了长长的尾巴,它就好像一个小球在天上飞一样。

红头长尾山雀(hóng tóu cháng wěi shān què)

L 体　　长/9.5—11 cm

F 出现频率/

Black-throated Bushtit/*Aegithalos concinnus*

京剧脸孔的长尾巴小鸟

辨识特征　体型酷似银喉长尾山雀，红色的头部、胁部和胸带非常显眼，脸颊有一条宽阔的黑线，具黑色胸兜。

生活环境和习性　与银喉长尾山雀类似，会混群活动。

国内分布　秦岭淮河以南地区。

校园观鸟地点　学校各处树林。

校园观鸟季节　全年。

红头长尾山雀衔巢材

红头长尾山雀亚成鸟

星头啄木鸟(xīng tóu zhuó mù niǎo)

L 体　　长/14—18 cm

F 出现频率/☆☆☆

Grey-capped Pygmy Woodpecker/*Yungipicus canicapillus*

黑白两色的小啄木鸟

辨识特征——体型较小的啄木鸟。嘴巴短而尖，但是很粗壮。黑色的翅膀上布满白色斑点，背上有大块白斑。头部和下体白色，脸颊浅褐色，下体亦具浅褐色纵纹。

生活环境和习性——在树干间来回飞翔，会用尾巴做支撑绕着树干向上爬。经常紧贴在树干上站立，用嘴巴啄开树干取食里面的小虫。敲击树干时的啄木声很远就能听到。

国内分布——西北、西藏和内蒙古以及东北北部以外的其他区域。

校园观鸟地点——校园各处的树林。

校园观鸟季节——全年。

星头啄木鸟侧面

科普小知识

啄木鸟作为知名度非常高的鸟类之一，一直被认为离我们十分遥远。其实有几种啄木鸟就生活在我们身边，如果你在校园里听到了啄木头的声音，那么很可能你就遇到啄木鸟了。

大斑啄木鸟(dà bān zhuó mù niǎo)

体　　长/20—25 cm

出现频率/

Great Spotted Woodpecker/*Dendrocopos major*

红屁股啄木鸟

辨识特征 体型较大、黑白相间的啄木鸟。嘴长而粗壮。头顶黑色，脸颊白色，背和尾黑色，黑色的翅膀上有一块大大的白斑。下体白色，红色的臀部非常显眼。雄鸟枕部会有一块明显的红斑。

生活环境和习性 具有典型的啄木鸟习性，一般贴在树干上，在树干间呈波浪状飞行，用嘴巴大力啄木，啄木声比星头啄木鸟响很多。

国内分布 新疆、西藏、内蒙古北部以外的大部分地区，新疆西北部亦有分布。

校园观鸟地点 大树的树干上。

校园观鸟季节 全年。

大斑啄木鸟背面

科普小知识

啄木鸟的“超能力”

啄木鸟如打桩机一般用嘴快速地敲击树木，为什么它们不会因为快速的敲击而患脑震荡呢？这是因为它们头骨的形状和微观结构提供了很好的抗冲击性能，而且在敲击树干前，眼睛的瞬膜还会关闭，防止眼球受伤。与大家脑海中想象的长着又细又长的嘴巴不同的是，啄木鸟嘴巴虽然尖，但通常并不是很长，而是十分粗壮。因为大多数时候它们并不是靠自己的嘴巴把虫子从木头中叼出来，而是利用长度为嘴巴好几倍的舌头将虫子抓出来。平时不觅食的时候，这么长的舌头在嘴巴里这么放呢？是通过头部特殊的腔道，把舌头绕在头骨上，想想都让人觉得神奇。啄木鸟的爪子两趾向前，两趾向后，可以帮助它更稳地抓牢树干，但是啄木鸟贴在树干上除了靠自己的爪子，还借助了自己坚硬的尾羽。把尾羽插在树干上，可以像椅子一样支撑自己的身体。

领雀嘴鹎(lǐng què zuǐ bēi)

L 体　　长/17—21 cm

F 出现频率/☆☆

Collared Finchbill/*Spizixos semitorques*

头黑、戴着白项圈的鸟

辨识特征 中等体型的绿色鸟类，短小厚重的象牙色嘴巴挂在头上非常醒目。全身色调以绿色为主，黑色的头浑圆，喉与胸之间有一条明显的颈带，尾羽末端黑色。

生活环境和习性 常见于树林和灌木丛，喜欢停歇在电线或树枝上。

国内分布 西南以外的秦岭淮河以南区域。

校园观鸟地点 校园的树林。

校园观鸟季节 全年。

白腰文鸟(bái yāo wén niǎo)

Ⓛ体　　长/10—12 cm

Ⓕ出现频率/☆☆☆

White-rumped Munia/*Lonchura striata*

腰白腹黄带鳞状斑的小鸟

辨识特征 —体小"褐色"的小鸟。嘴呈圆锥形,上嘴色深,下嘴色浅。上体褐色,尾巴和翅膀黑色,额头和喉部黑色,胸部具褐色鳞片状细纹,白色的腹部和腰非常明显。

生活环境和习性 —集群生活在树林边缘、灌木丛和农田。

国内分布 —秦岭淮河以南区域。

校园观鸟地点 —校园的灌木丛。

校园观鸟季节 —全年。

棕头鸦雀(zong tóu ya què)

L 体　　长/12 cm

F 出现频率/★★★

Vinous-throated Parrotbill/*Sinosuthora webbiana*

灌木丛里的棕色小鸟

辨识特征　小巧可爱的长尾巴小鸟。嘴短小，上体棕色，下体偏白，翅膀的颜色明显较深，棕色的尾巴特长。

生活环境和习性　集群穿梭在低矮的灌木丛和湿地边的芦苇中，非常活泼好动，叫声像小鸡。

国内分布　东北南部、华北以及秦岭淮河以南区域。

校园观鸟地点　学校的灌木丛。

校园观鸟季节　全年。

画眉(huà méi)

Ⓛ体　　长/23 cm

Ⓕ出现频率/

Hwamei/*Garrulax canorus*

画着白色眼线的棕色小鸟

辨识特征——中等体型的棕色鸟类。全身棕色,白色的眼圈在眼后延伸成一道明显的眉纹是其最大的辨识特征。

生活环境和习性——性情隐蔽,生活在树林和灌木丛中,喜欢在林下的地面觅食,叫声非常悦耳。

国内分布——秦岭淮河以南区域。

校园观鸟地点——校园的树林和灌木丛。

校园观鸟季节——全年。

红隼(hóng sǔn)

体　　长/30—36 cm

出现频率/

Common Kestrel/*Falco tinnunculus*

小型的红褐色老鹰

辨识特征　砖红色的小型猛禽。雄鸟头灰色，脸颊白色，眼睛下方有一道黑色条纹。雌鸟头部褐色，上体褐色具黑色横斑。嘴具钩，爪强壮有力。背部和翅膀砖红色带黑色斑点，飞羽黑色，灰色的尾羽末端黑色。翅膀展开较其他猛禽显得更加细长。

生活环境和习性　会站立在电线杆或树枝等高处，善于在空中滑翔寻找猎物，能快速扇动翅膀在空中悬停。发现猎物后会迅速俯冲下去抓住猎物。

国内分布　除干旱沙漠外几乎遍布全国。

校园观鸟地点　偶尔在学校上空盘旋，有时会在楼顶边缘的栏杆上停歇。

校园观鸟季节　全年。

红隼雌鸟

科普小知识

隼是一类小型的猛禽，它们个头较小，大多不以力量见长，在捕猎中主要靠速度取胜。隼的身体通常修长且翅膀窄而尖，像背上插了两把尖刀。这样的身体结构能让它们在空中高速俯冲，但同时在飞行中也需要比其他大型猛禽更频繁地扇动翅膀。像红隼这样的小型隼类，体型小限制了它们捕食大型猎物，所以不仅小型的鸟类、哺乳动物和两栖爬行动物会捕食，在空中遇到了蜻蜓这样的昆虫它们也不会放过。

棕脸鹟莺(zōng liǎn wēng yīng)

L 体　　长/10 cm

F 出现频率/☆☆

Rufous-faced Warbler/*Abroscopus albogularis*

自带电话铃声的艳丽小鸟

辨识特征 体型小巧、颜色鲜艳的小鸟。棕色的头部非常醒目，下体白色，上体橄榄绿色，头顶有两道黑色的线条，喉部亦为黑色。

生活环境和习性 在树林中觅食，尤其喜欢竹林，会发出一连串电话铃般的银铃声，叫声能传很远。比较隐秘，一般通过叫声来寻找。

国内分布 秦岭淮河以南区域。

校园观鸟地点 竹林、灌木丛和树林。

校园观鸟季节 全年。

栗背短脚鹎(lì bèi duǎn jiǎo bēi)

Ⓛ体　　长/18—22 cm

Ⓕ出现频率/☆☆

Chestnut Bulbul/*Hemixos castanonotus*

栗色具冠羽的鸟

辨识特征 颜色鲜艳的鹎类,体型略大于白头鹎。上体栗红色,头上的冠羽和翅膀颜色发黑,喉、胸和腹部皆为白色,与上体对比明显。

生活环境和习性 生活于高大茂密的树林中,集小群在树枝间觅食,叫声喧闹。

国内分布 长江流域及长江以南的中国中部和东部地区。

校园观鸟地点 校园各处的树林。

校园观鸟季节 全年。

凤头鹰(fèng tóu yīng)

L 体　　长/41—49 cm

F 出现频率/★★

Crested Goshawk/*Accipiter trivirgatus*

喉有纵线，胸具棕色纵纹的鹰，自带“纸尿裤”

辨识特征　飞在空中时从下方看臀部有一片明显的白色尾下覆羽，像穿着一条纸尿裤，喉咙有一条明显的纵线。站立在树上胸前具棕色纵纹，腹部具横纹。背部褐色，尾巴上有横斑，头上的凤头并不明显。

生活环境和习性　生活在深林、城市和乡间的密林中，捕食小型哺乳动物、鸟类和两栖动物。

国内分布　中国东部和中部地区。

校园观鸟地点　有时会从学校的天空飞过。

校园观鸟季节　全年。

凤头鹰飞行时露出白色的尾下覆羽

科普小知识

鹰虽然是天生的杀手，但大多数鹰并不像人们想象中那样是一个庞然大物，实际上很多鹰的体型和凤头鹰类似，虽然翅膀展开接近1米，但是实际上体型比一只鸽子大不了太多，这样的体型能够方便它们在树林中捕猎，也是它们与生存环境相适应的结果。虽然凤头鹰的体型不大，但是它却可以捕食体型与自己接近的中型鸟类。凤头鹰的翅膀展开看起来较宽，飞行时常将双翼向下压成倒V字形，并且快速扇动翅膀的特有展示行为，也是辨别它们的一大特征。

强脚树莺(qiáng jiǎo shù yīng)

体　　长/9—13 cm

出现频率/

Brownish-flanked Bush Warbler/*Horornis fortipes*

可以唱响一片天地的褐色小鸟

辨识特征 特征不明显的黄褐色小型鸟类。上体黄褐色，翅膀灰色，尾巴较长，头上有一道浅色眉纹。下体白色，两胁和臀部淡黄色。

生活环境和习性 极其隐蔽而不容易见到，繁殖季节会躲在茂密的低矮灌丛中高声歌唱，歌声婉转。繁殖季节在其喜欢的生活环境中能经常听到它的歌声。

国内分布 秦岭淮河以南地区。

校园观鸟地点 校园的灌木丛，春季和夏季通过歌声寻找观赏。

校园观鸟季节 全年。

怀氏虎鸫(huái shì hǔ dong)

L 体　　长/30 cm

F 出现频率/

White's Thrush/*Zoothera aurea*

带黑色鳞状斑纹的褐色鸟

辨识特征 上体褐色,下体白色,全身具黑色月牙形的斑纹。耳羽有一道明显的黑色斑纹似一弯新月。

生活环境和习性 栖息在树林中,于树林的地面觅食。

国内分布 中国东部和中部地区。

校园观鸟地点 校园树林下的地面和树梢上。

校园观鸟季节 全年。

斑头鸺鹠(bān tóu xiū liú)

L 体　　长/20—26 cm

F 出现频率/★

Asian Barred Owlet/*Glaucidium cuculoides*

体小而具棕褐色横斑的猫头鹰

辨识特征 体小、褐色的猫头鹰。背和翅膀褐色具白色横纹,白色的下体具有褐色的纹路。脸宽具面盘但是没有耳羽簇,头上遍布白色横纹,在肩膀处有一条白色线条将头部和背部分隔开。

生活环境和习性 夜行性鸟类,生活在村庄和树林中。白天站在树上一动不动,晚上出来活动并频繁鸣叫。白天也会偶尔鸣叫,叫声为一连串颤音,十分特别。一般通过声音来确定其位置。

国内分布 秦岭淮河以南区域。

校园观鸟地点 夜晚在学校树林根据声音寻找。

校园观鸟季节 全年。

斑头鸺鹠扭头照

科普小知识

猫头鹰的脖子

没有人可以完成将头扭转180度这样的高难度动作，但是对于猫头鹰来说，这却只是常规操作。猫头鹰的脑袋可以算是自然界的一个杰作，它们的头可以扭转270度而不扭伤自己的脖子，这使得它们可以更好地观察环境，发现猎物和危险。这是由于猫头鹰的骨骼和血管为了防止头部转动时受伤，发生了适应性的进化。猫头鹰的脖子由14块颈椎组成，是人类的两倍，它的长脖子平时蜷缩在羽毛下面，造成一种它脖子很短的错觉。猫头鹰的颈椎骨中为颈部动脉留了较大的活动空间，并且颈动脉和脊动脉之间还存在微血管结构，即使颈部极度扭转也不会因为血管被完全堵塞而造成大脑供血不足。

白鹭(bái lù)

Ⓛ体　　长/52—68 cm

Ⓕ出现频率/

Little Egret/*Egretta garzetta*

穿着黄袜子的小型白鹭

辨识特征 体型较小的一种鹭类，身体细长，脚和嘴特长。全身白色，黄色的爪子和黑色的脚对比明显。繁殖期头上会长出两条长长的羽带，胸前会长出蓑衣状的细羽。

生活环境和习性 喜欢在稻田、水塘和人工湖的浅水区域捕食小鱼和其他小动物。飞行时脚伸直，脖子会缩起来。

国内分布 中国东部和中部。

校园观鸟地点 偶尔会从校园上方飞过。

校园观鸟季节 全年。

小白鹭飞行时脖子缩起来

科普小知识

白鹭自古以来便是为人们所熟知的一种鸟，杜甫的“一行白鹭上青天”相信大家都耳熟能详。这是因为白鹭喜欢出现在水田中，陪伴着人们耕作劳动，捕食被惊动的鱼虾。有时候白鹭还会自己用脚使劲往泥里面踩，就像在滩涂上用脚踩贝壳的赶海人一样。由于白鹭时常在泥中漫步，有时脚爪上沾满了黑色的泥土，连飞起来都看不到黄色的爪子。白鹭通常会集群挤在水边的大树上筑巢，到了繁殖季节通常熙熙攘攘的一片，形成一个个鸟岛和鸟洲。

斑嘴鸭(bān zuǐ yā)

体　长/50—64 cm

出现频率/

Chinese Spot-billed Duck/*Anas zonorhyncha*

嘴前端呈橘色的鸭子

辨识特征　体形大的褐色鸭子，是中国家鸭的祖先之一。脚橘黄色，脸和脖子浅黄色，头顶和过眼纹黑色，黑色的嘴尖端黄色是其最大的特点。翅膀上有一块蓝紫色的翼镜(翼镜指鸟类翅膀上色彩艳丽的闪亮光斑，多见于鸭类)，飞行时非常明显，翅膀收拢时不易看见。

生活环境和习性　在水塘和湖泊觅食水草，不会潜水，觅食时头倒栽在水中，屁股浮于水面。

国内分布　中国东部和中部地区。

校园观鸟地点　也西湖和眼镜湖等校园水域。

校园观鸟季节　全年。

斑嘴鸭飞行时露出翅膀上的蓝色翼镜

科普小知识

斑嘴鸭是中国家鸭的祖先之一，身体颜色平淡无奇却有着靓丽的脚和嘴尖。说到鸭科，就不得不提一下它们翅膀上的翼镜。翼镜是次级飞羽和翼上覆羽上有金属光辉的闪亮区域，就像翅膀上安了一个彩色的小镜子一样，飞在空中闪闪发亮，尤为耀眼。鸭科的鸟类基本上都有翼镜，虽然每种鸭的翼镜颜色不同，但是同种鸭的雌雄翼镜颜色却是相同的。大部分鸭的雌鸟都长相相似，这时候通过翼镜是辨别它们的一个重要手段。

三道眉草鹀(sān dào méi cǎo wú)

体　　长/16 cm

出现频率/

Meadow Bunting/*Emberiza cioides*

头具黑白色图纹、腹部栗色的小鸟

/马号号

辨识特征 头部特征明显的棕色小鸟，全身褐色，颈后灰色，背部和翅膀上有深色纵纹。雄鸟具白色的喉部、眉纹和髭纹，与深色的脸颊和头顶对比强烈。雌鸟头上的栗色较浅，白色部分由皮黄色代替，头部的花纹没有雄鸟那么引人注目。

生活环境和习性 喜欢生活在开阔的灌木、农田、茶园和树林边缘。

国内分布 华南以北的中国中部、东部大部分地区和新疆西北部。

校园观鸟地点 校园的灌木丛和树林。

校园观鸟季节 全年。

雉鸡(zhì jī)

L 体　　长/59—87 cm

F 出现频率/

Common Pheasant/*Phasianus colchicus*

脖子带白色颈环的五彩长尾巴鸡，俗称野鸡

辨识特征——雄鸟颜色艳丽，尾长。眼周围鲜红色的皮肤裸露，头蓝绿色，颈部有一个白色的颈环，胸腹部紫红色，背灰色具斑点。雌鸟颜色暗淡，全身褐色具深色斑纹，尾巴较雄鸟短。

生活环境和习性——单独或成群生活在开阔的树林、灌木丛或高大的草丛中。

国内分布——除青藏高原部分地区外全国广泛分布。

校园观鸟地点——校园只有一次鸟撞记录。

校园观鸟季节——全年。

科普小知识

鸟的白化和白变现象

在自然界中，偶尔会出现一些白色的鸟类个体，这些个体部分或全部的羽毛变为了白色，主要是由白化症或白变症引起的。虽然都是导致身体某个不应该为白色的部位变成了白色，但是白化和白变的原因却不相同。白化症是一类以皮肤、毛发和眼睛虹膜黑色素缺乏为特征的遗传病，导致白化症的基因为隐性基因。白化症个体拥有正常的黑色素细胞，但是白化症基因会导致合成黑色素的原料在体内无法正常生成，黑色素细胞无法合成黑色素，从而身体的部分或全部部位变为白色。我们在实验室见到的白鼠和白兔其实就是得了白化症的动物。由于缺乏黑色素，导致它们的虹膜颜色很浅，眼底血管中的血液会让眼睛呈红色。白变症是由于源自胚胎神经嵴的黑色素细胞本身缺陷导致黑色素无法正常合成，但眼睛中的黑色素细胞并非源于胚胎神经嵴，因而白变动物的眼睛颜色是正常的。

无论是由于白化症还是白变症导致黑色素合成异常，缺乏黑色素都会给这些白色动物带来一系列的麻烦。首先皮肤中的黑色素是抵抗阳光中紫外线的最重要屏障，因此它们容易被晒伤；其次，它们的视力普遍比较差，缺乏黑色素还会造成多器官异常。在野外，白化或白变的动物更容易被捕食者发现，从而生存难度更大。

白化乌鸫

中国科大校园鸟类鉴赏指南

夏候鸟

夜鹭(yè lù)

L 体　　长/46—60 cm

F 出现频率/

Black-crowned Night Heron/*Nycticorax nycticorax*

后背黑色的鹭

辨识特征——黑白两色的大型鹭类,与其他鹭相比脖子较短。成鸟头部、背部和翅膀黑色,胸腹部白色。脖子处有两条白色的丝带。亚成鸟全身褐色并具有白色纵纹和点斑。

生活环境和习性——喜欢停在水边的石头和大树上,夜晚会发出“哇哇”的叫声,在浅水区域捕食小鱼。

国内分布——中国东部、中部和南部地区。

校园观鸟地点——夏季常见于学校水塘岸边和水塘边的大树上,喜欢在水边的大树上筑巢。

校园观鸟季节——夏季。

夜鹭亚成鸟

科普小知识

鹭类长得很有辨识度，非常好认。长长的脖子，大大的体型，而且大部分鹭喜欢开阔的地方，往往一眼就能认出它们。它们喜欢在水边活动，但是它们的大长腿、长嘴巴和长脖子无不暗示着它们并不会游泳，这些修长的身体部位都是为了帮助它们能够站在浅水区捕食鱼虾，这也是它们对于生存环境的一种适应。

池鹭(chí lù)

体　　长/47 cm

出现频率/

Chinese Pond Heron/*Ardeola bacchus*

翼白、背部深褐的鹭

辨识特征——繁殖期羽色鲜艳的鹭类。夏季头部和颈部深栗色。胸部和背部紫褐色，腹部白色，嘴黄色，嘴尖黑色。冬季上体褐色，头和脖子上具粗的褐色纵纹。

生活环境和习性——喜欢栖息在稻田和湿地的浅水区域捕食鱼虾和其他小动物。

国内分布——冬季见于长江以南地区，夏季北扩到华中、华东、华北和东北南部繁殖。

校园观鸟地点——水池周边。

校园观鸟季节——夏季。

绿鹭(lǜ lù)

L 体　　长/48 cm

F 出现频率/

Striated Heron/*Butorides striata*

翅膀上有条纹的鹭

辨识特征—灰色而头顶黑色的中小型鹭类,墨绿色的翅膀上有白色纹路。亚成鸟全身褐色有纵纹,但是头部依然偏黑。

生活环境和习性—停在水面附近,等待鱼儿出现,伺机而动。

国内分布—夏季繁殖于东北、华北、华中、华南和西南地区。在台湾、海南岛、华南南部为留鸟。

校园观鸟地点—西区科技楼下的池塘边。

校园观鸟季节—夏季。

牛背鹭(niú bèi lù)

L 体　　长/46—55 cm

F 出现频率/

Eastern Cattle Egret/*Bubulcus coromandus*

繁殖季橙色，脖子粗壮

辨识特征——夏季头、颈、背和胸橘黄色，其他部位白色，辨识特征十分明显。冬季全身羽毛白色，此时与白鹭的区别在于其脖子短，头显得更大更圆。爪黑色，嘴黄色并且显得厚而粗短。

生活环境和习性——喜欢待在农田，尤其是大型家畜附近或背上，捕食被家畜惊起的小虫。

国内分布——冬季见于长江以南地区，夏季北扩到华北繁殖。

校园观鸟地点——偶尔会从校园天空飞过。

校园观鸟季节——夏季。

牛背鹭冬羽

科普小知识

鸟类的繁殖羽

许多鸟类到了繁殖季节都会给自己换上一身漂亮的衣服，我们称之为繁殖羽。一些鸟类的繁殖羽与非繁殖羽差异巨大，有时甚至会被人当作两种完全不同的鸟类，比如小䴙䴘、鸳鸯和牛背鹭。鸟儿不惜耗费巨大的能量和冒着被捕食者发现的风险为自己换上一身漂亮衣裳，其目的都是为了求偶并繁殖下一代，所以通常换上繁殖羽的都是在求偶过程中占主导地位的一方。比如水雉和彩鹬这一类“一雌多雄”制的鸟，到了繁殖季节就是雌鸟换上繁殖羽。由于换上繁殖羽需要消耗大量能量，一身华丽的繁殖羽也代表了健康的身体，另一半选择拥有最漂亮繁殖羽的那一位也就合情合理了。经过求偶，拥有漂亮繁殖羽个体的基因被保留下来，在这个自然选择过程中，一些鸟类的繁殖羽也就随之变得越来越艳丽，越来越夸张了。

黑鳽(hēi jiān)

L 体　　长/49—59 cm

F 出现频率/

Black Bittern/*Ixobrychus flavicollis*

喜欢在水域活动的长腿黑色大鸟

辨识特征——通体黑色而不会被错认的鹭类。脖子粗短，喉部黄色具黑色和褐色粗纵纹。

生活环境和习性——性情隐蔽，喜欢躲在树林或湿地等高大茂密的植被里。在水面上方的树上筑巢。

国内分布——繁殖于秦岭淮河以南地区，在华南、海南岛、台湾为留鸟。

校园观鸟地点——东区水上报告厅后的池塘。

校园观鸟季节——夏季。

山鹡鸰(shān jí líng)

Ⓛ体　　长/17 cm

Ⓕ出现频率/

Forest Wagtail/*Dendronanthus indicus*

褐色及黑白色的林鹡鸰

辨识特征——上体褐色，下体白色，具一道白色眉纹，翅膀上黑白相间，胸前有一个倒"山"字形斑纹为其最明显的辨识特征。

生活环境和习性——栖息在树林和灌木下的地面以及树林中的开阔地面。

国内分布——夏季繁殖于东北、华北、华中和秦岭淮河以南地区，在华南和西南为留鸟。

校园观鸟地点——校园树林和灌木丛下的地面。

校园观鸟季节——夏季。

家燕(jiā yàn)

体　　长/13—20 cm

出现频率/

Barn Swallow/*Hirundo rustica*

喉咙红色的燕子

辨识特征——身型修长，飞行时长尾岔开呈剪刀状，很好辨认。背部为钢笔蓝色，喉部红色，肚子白色。

生活环境和习性——喜欢在屋檐下筑一个碗状巢，善于在天空滑翔，会低飞于地面或水面捕捉小昆虫。

国内分布——夏季繁殖于全国大部分地区。

校园观鸟地点——夏季常见于学校的水塘和空旷地区的上空。

校园观鸟季节——夏季。

家燕育雏

科普小知识

很多人都见过飞在天上的燕子，可是很少有人知道，天上常见的燕子原来还有许多种，中国科学技术大学可见的燕子分为家燕和金腰燕两种。仔细观察燕子，你会发现它们的嘴巴非常大，这是因为燕子需要在飞行中直接用嘴捕捉昆虫。飞行动作异常灵活，能够轻易地在空中完成急转弯这样的高难度动作，甚至连喝水也可以在空中飞行时完成。这也就导致虽然大家对燕子很熟悉，却很难去观察它们。因此很多人只知道家燕有燕尾，有黑色的背，却不知道家燕还有红色的喉部，而金腰燕还有黄色的后颈和腰。所以小燕子是真的名副其实的“穿花衣”。

金腰燕(jīn yāo yàn)

L 体　　长/16—18 cm

F 出现频率/

Red-rumped Swallow/*Cecropis daurica*

腰部黄色的燕子

辨识特征——形似家燕，但是喉部白色，背黑色，后颈黄色。腰部黄色，在空中飞翔时十分显眼。

生活环境和习性——同家燕，喜欢在屋檐下用泥丸筑口袋状的巢。

国内分布——夏季繁殖于全国除西北以外的地区。

校园观鸟地点——夏季常见于学校的水塘和空旷地区的上空。

校园观鸟季节——夏季。

金腰燕筑巢

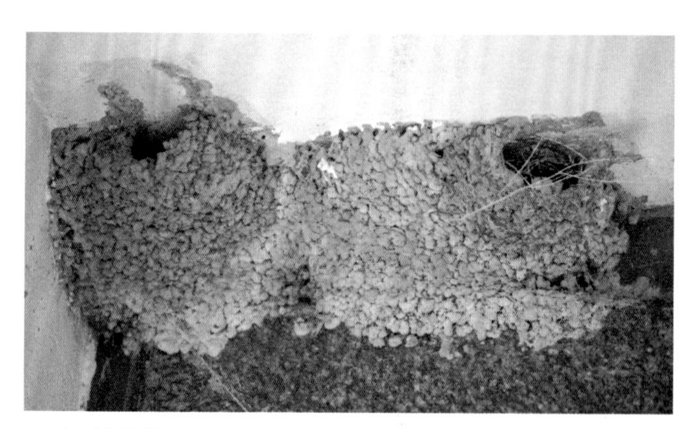

金腰燕的巢

科普小知识

金腰燕的巢跟家燕的巢显然不一下，它更像葫芦状，有的地方也将其称为葫芦燕。有时候的几个巢相邻而建，像联排别墅。

黑卷尾(hēi juǎn wěi)

L 体　　长/30 cm

F 出现频率/

Black Drongo/*Dicrurus macrocercus*

尾巴交叉的黑色鸟

辨识特征 —长尾巴的卷尾鸟。体型中等,全身黑色。尾羽交叉成剪刀状,辨识度极高。

生活环境和习性 —叫声响亮,喜欢停留在大树的枝头。

国内分布 —夏季出现在东北南部、华北及中国中部和南部。在云南南部、台湾和海南岛为留鸟。

校园观鸟地点 —学校空旷地带的大树上。

校园观鸟季节 —夏季。

黑卷尾的巢

科普小知识

黑卷尾的尾巴也呈分叉状，但是和燕尾又有不同，黑卷尾的尾巴是两边的尾羽左右交叉在一起的。黑卷尾通常都比较吵闹，在一起的时候喜欢打斗，会弄出很大的动静。卷尾类的鸟外侧尾羽向上卷曲，故称卷尾。

白胸苦恶鸟(bái xiōng kǔ è niǎo)

Ⓛ体　　长/28—35 cm

Ⓕ出现频率/

White-breasted Waterhen/*Amaurornis phoenicurus*

黑背白脸红屁股，叫声“kue,kue”的鸟

辨识特征——身披黑、白、红三色，特征明显的中大型秧鸡。头顶、背部和尾巴青黑色，脸颊、胸部和腹部白色，屁股棕红色。嘴黄绿色，上嘴基红色，脚黄色，脚趾特长。

生活环境和习性——生活在湿地和水塘，偶尔也会上树。

国内分布——夏季繁殖于秦岭淮河以南。在中国南部为留鸟。

校园观鸟地点——校园水塘附近的草丛和灌木丛。

校园观鸟季节——夏季。

灰卷尾(huī juǎn wěi)

L 体　　长/25—32 cm

F 出现频率/

Ashy Drongo/*Dicrurus leucophaeus*

尾巴似剪刀的小白脸

辨识特征—灰色的中型鸟类。除脸为白色外,全身灰色似黑卷尾,修长的尾羽交叉呈剪刀状,俗称“小白脸”。

生活环境和习性—习性似黑卷尾,栖息在茂密的树林深处或林缘地带,在树枝间来回飞行捕食昆虫。

国内分布—夏季繁殖于中国东北以南、西藏以东地区。

校园观鸟地点—校园的树林。

校园观鸟季节—夏季。

发冠卷尾(fà guān juǎn wěi)

L 体　　长/28—35 cm

F 出现频率/

Hair-crested Drongo/*Dicrurus hottentottus*

尾巴上卷的黑色鸟

/马号号

辨识特征—蓝黑色中等体型鸟类，嘴较宽。似黑卷尾但是尾巴并不分叉，外侧尾羽末梢会向上卷起。翅膀和脖子上的羽毛在太阳的照射下会发出闪蓝色的光辉。因额头上有几根向上飘扬的细长羽毛而得名，但在野外难以观察到这些发冠。

生活环境和习性—似黑卷尾，但更喜欢待在树林深处。

国内分布—夏季繁殖于秦岭淮河以南地区。

校园观鸟地点—校园高大的树林。

校园观鸟季节—夏季。

小灰山椒鸟(xiǎo huī shān jiāo niǎo)

L 体　　长/16—20 cm

F 出现频率/☆☆☆☆

Swinhoe's Minivet/*Pericrocotus cantonensis*

叫声如铃铛的灰白色鸟

辨识特征—体型修长的中小型鸟类。上身灰色偏黑，额头、喉部、胸部和腹部白色。嘴黑色，短而略宽，灰黑色的尾羽修长。

生活环境和习性—在树林中来回飞行觅食，声音清脆悦耳。

国内分布—夏季繁殖于秦岭淮河以南地区。

校园观鸟地点—校园的树林。

校园观鸟季节—夏季。

白眉姬鹟(bái méi jī wēng)

L 体　　长/11—14 cm
F 出现频率/☆☆☆

Yellow-rumped Flycatcher/*Ficedula zanthopygia*
白色眉毛的黑黄色小鸟

辨识特征—雄鸟颜色鲜艳,上体黑色,具有明显的白色眉纹和白色翅斑,腰黄色,下体金黄色。雌鸟上体橄榄绿色,腰黄,下体皮黄色。

生活环境和习性—栖息于树林和灌木中。

国内分布—夏季繁殖于东北、华北、华中、华东和长江流域。迁徙经过中国中部和南部各省。

校园观鸟地点—校园树林的枝头。

校园观鸟季节—4—8 月。

白眉姬鹟雌鸟

白眉姬鹟育雏

红尾伯劳(hóng wěi bó láo)

L 体　　长/18—20 cm

F 出现频率/

Brown Shrike/*Lanius cristatus*

头背一色的伯劳

辨识特征 —中等体型的淡褐色伯劳,体型比棕背伯劳小。嘴尖有钩,具黑色眼罩,尾长。后背和尾巴红褐色,翅膀偏黑但与背部的颜色对比不明显。

生活环境和习性 —习性似棕背伯劳,平时会站立在枝头和电线上,捕食昆虫和小型鸟类及其他小动物。

国内分布 —夏季繁殖于中国中部和东部,冬季在中国南方越冬。

校园观鸟地点 —同步辐射实验室中的树林。

校园观鸟季节 —夏季。

虎纹伯劳(hǔ wén bó láo)

Ⓛ体　　长/15—19 cm

Ⓕ出现频率/

Tiger Shrike/*Lanius tigrinus*

头灰背红有虎纹的伯劳

虎纹伯劳雄鸟

虎纹伯劳雌鸟

辨识特征—体小的一种砖红色伯劳。头灰色,下体白色,眼罩黑色,背部和翅膀砖红色,密布细小的黑色横斑,尾砖红色。雄鸟过眼纹明显,两胁较干净且褐色横纹较少。雌鸟眼罩黑色较淡,两胁褐色且横纹较多。

生活环境和习性—喜欢站在树林边缘突出的树枝上捕食昆虫和小动物。

国内分布—夏季在东北南部、华北、华中、华东地区繁殖,冬季在华南越冬。

校园观鸟地点—校园的树林和灌木丛。

校园观鸟季节—夏季。

噪鹃(zào juān)

L 体　　长/39—46 cm

F 出现频率/

Asian Koel/*Eudynamys scolopaceus*

叫声响彻校园的鸟

噪鹃雄鸟

噪鹃雌鸟

辨识特征——雄鸟纯黑色，红色的眼睛和绿色的嘴非常显眼。雌鸟褐色具白色点斑。性隐蔽而不易观察，主要通过声音找寻。

生活环境和习性——喜欢躲在稠密的树叶深处发出大声的鸣叫，叫声很大但是非常难亲眼见到。巢寄生，会利用其他鸦科鸟类的巢产卵，不会自己孵蛋。

国内分布——夏季繁殖于秦岭淮河以南地区，在海南岛为留鸟。

校园观鸟地点——夏季喜欢躲在西区也西湖的水杉林顶端大声鸣叫。

校园观鸟季节——夏季。

四声杜鹃(sì shēng dù juān)

体　　长/31—34 cm

出现频率/

Indian Cuckoo/*Cuculus micropterus*

家家种谷

/夏家振

辨识特征—腹部白色具黑色横纹的灰色中型鸟类,长相似鹰,会发出连续四声“家家种谷”的叫声。

生活环境和习性—躲藏在密林中鸣叫,叫声传播很远。很容易通过叫声找到,但是难以窥得真容。

国内分布—中国东北至西南地区,在海南岛为留鸟。

校园观鸟地点—全校范围内时常会听到其叫声。

校园观鸟季节—夏季。

鹰鹃(yīng juān)

Ⓛ体　　长/35—42 cm

Ⓕ出现频率/

Large Hawk-Cuckoo/*Hierococcyx sparverioides*

胸部棕色的杜鹃

/夏家振

辨识特征—长相似四声杜鹃和大杜鹃,区别在于胸部橘黄色。

生活环境和习性—喜欢站立在高大的树冠上鸣叫。会选择站在树叶最茂密的地方,从下方难以看到。声音响亮,能传播很远。和其他杜鹃一样,巢寄生。

国内分布—夏季繁殖于秦岭淮河以南区域,在云南南部和海南岛为留鸟。

校园观鸟地点—校园茂密的大树顶端,躲在树冠里大声鸣叫。

校园观鸟季节—夏季。

黑脸噪鹛喂鹰鹃 /夏家振

科普小知识

鸟类的巢寄生现象

有一些鸟类比如杜鹃，并不会自己筑巢孵蛋，而是把蛋下在其他鸟的巢中，由其他鸟代其孵蛋并将幼鸟养大，这样的现象被称为巢寄生。以杜鹃为例，它们选好宿主后，趁宿主不在巢内的时间，先叼走一颗宿主的蛋，然后在巢中产下一枚自己的蛋便扬长而去。为了不被宿主轻易发现，杜鹃还会让蛋尽可能地模仿宿主蛋的颜色。为了在成长中能获得更多的营养，杜鹃蛋通常会孵化得比较早，小杜鹃刚孵出来就会本能地把窝内其他的鸟蛋或雏鸟推出巢内，减少与其争食的幼鸟数量。当杜鹃幼鸟逐渐长大，体型甚至长到比养父母还大时，养父母还好像浑然不知似地继续喂养杜鹃幼鸟，直到其羽翼丰满自己飞走为止。

其实宿主们也不会坐以待毙，为了区别自己的蛋和杜鹃的蛋，及早将其清理出自己的巢穴，它们会逐渐变化自己蛋的花纹。然而有意思的是，杜鹃也会紧追不舍地对其宿主的蛋进行模仿。部分宿主为了避免被巢寄生，会把巢筑在十分隐蔽的地方，并且亲鸟离开巢时会把卵掩盖起来，或者延长待在巢里的时间，来减少被寄生的风险。寄生者与被寄生者犹如在进行军备竞赛，一起协同进化。

大杜鹃(dà dù juān)

L 体　　长/32 cm

F 出现频率/

Common Cuckoo/*Cuculus canorus*

布谷布谷

辨识特征 —很难通过外貌与四声杜鹃区分，一般通过叫声来分辨二者。发出连续两声“布谷”的叫声。

生活环境和习性 —与四声杜鹃相似，但是更喜欢出现在开阔地区的电线上。

国内分布 —夏季出现在除青藏高原和新疆东南部以外的其他地区。

校园观鸟地点 —全校范围内经常会听到其叫声。

校园观鸟季节 —夏季。

科普小知识

除了大家比较熟悉的被称为布谷鸟的大杜鹃和四声杜鹃，其实我们身边还生活着很多种杜鹃，它们有的长相相似，有的却又形态各异，比如噪鹃雄鸟就是一袭黑色，与其他杜鹃截然不同。它们一般都具有以下两个共同点：第一，都很害羞，都躲在树林中通过自己独特的叫声昭示着自己的存在；第二，所有的杜鹃类都不自己筑巢下蛋，而是在其他鸟的巢中下蛋，并由其他鸟替它们孵化并喂养雏鸟长大，这就是典型的“巢寄生”现象。

普通夜鹰(pǔ tōng yè yīng)

L 体　　长/27 cm

F 出现频率/

Grey Nightjar/*Caprimulgus jotaka*

机关枪一样的叫声，树皮一样的颜色

辨识特征 一长相奇特的中型鸟类。全身灰褐色具斑点，与树皮的颜色非常相似，趴在树枝上与环境几乎融为一体。喉白色，嘴扁平，嘴裂很深，嘴巴能张得很大，以便于在飞行中捕食昆虫。

生活环境和习性 一生性隐秘，白天趴在树上、地面或房顶上一动不动，很难被发现，趴在树上酷似树枝上的一个瘤。夜间在空中飞行捕食昆虫。傍晚开始会发出一连串机关枪一样的叫声。一般通过叫声来寻找。

国内分布 一夏季繁殖于中国西北和青藏高原以外的其他地区。

校园观鸟地点 一夜晚少年班学院附近的大树上。

校园观鸟季节 一夏季。

普通夜鹰的背部

普通夜鹰是一种很奇特的鸟，当人们看到它以后无不惊叹它的奇特。由于具有极其优秀的伪装色，只要它们愿意，即使待在你面前你也发现不了。白天它们喜欢趴在树干、墙头和地面的枯叶堆里一动不动，也难怪没人知道它们的存在。但是到了夜间，它们就变得活跃起来，会发出一连串机关枪一样的叫声。由于普通夜莺也是在飞行中用嘴捕食，所以和燕子一样拥有一张大嘴巴，只不过嘴巴的比例更加夸张，当它张开嘴巴时，简直和怪物一样，大有吞食一切的架势。

科普小知识

鸟类的伪装色

许多鸟类都拥有一袭隐蔽的伪装色。在大自然中，处处充满着危机，无论是捕食者还是被捕食者都希望能够将自己完美地隐藏地环境中。像夜鹰和猫头鹰这种夜行性的鸟，晚上活动，白天睡觉，羽毛上的斑纹与树皮的纹路接近，如果停在树干上，就和树干完全融为一体，对自己是一种很好的保护。而有的猛禽背部与树干颜色相近，站在林中不容易被其他鸟发现，也能方便自己捕食其他动物。

灰头麦鸡(huī tóu mài jī)

L 体　　长/32—36 cm

F 出现频率/

Grey-headed Lapwing/*Vanellus cinereus*

灰白色，有黑色胸带的大长腿鸟

辨识特征—灰白两色的大型鸻鹬，脚特长。头和胸灰色，腹部白色，胸部和腹部之间有一条黑色胸带。背和翅膀褐色，翼尖黑色。

生活环境和习性—栖息在湿地、农田和空旷的草地，喜欢在空中盘旋鸣叫。

国内分布—中国东部和中部地区，夏季在东北和长江流域繁殖，冬季向南迁徙。

校园观鸟地点—偶尔会飞过校园上空。

校园观鸟季节—春季、夏季、秋季。

飞行中的灰头麦鸡

科普小知识

麦鸡名字中有鸡但是却不是鸡，准确地说它是一种鸻鹬。灰头麦鸡喜欢在地上找个浅坑，然后把蛋直接下在地上，亲鸟就直接坐在上面孵蛋。灰头麦鸡的小鸟孵出来就是个大长腿，并且在孵出后的第二天就可以在地面上随着父母走动。幼鸟体色与周围环境非常接近，遇到危险便会蹲在原地一动不动地隐藏起来。

暗绿绣眼鸟(àn lǜ xiù yǎn niǎo)

L 体　　长/9—11 cm

F 出现频率/

Swinhoe's White-eye/*Zosterops simplex*

有明显白色眼圈的黄绿色小鸟

辨识特征 —体小但略显修长的绿色小鸟。上体的绿色非常鲜艳，翅尖颜色较深。头部颜色略微偏黄，白色的眼圈非常明显。胸、腹部白色，喉、臀部为鲜艳的黄色。

生活环境和习性 —性情活泼喧闹，喜欢集小群在树林之间穿梭，在树丛中取食小虫和花蜜。

国内分布 —夏季繁殖于在华中、华东和长江流域，在中国南部为留鸟且全年可见。

校园观鸟地点 —校园的树林。

校园观鸟季节 —夏季。

红角鸮(hóng jiǎo xiāo)

L 体　　长/20 cm

F 出现频率/

Oriental Scops Owl/*Otus sunia*

枯叶一样的小猫头鹰

辨识特征—体小的猫头鹰。全身灰色密布褐色斑纹，身上的斑纹与树皮的纹路十分相似，具耳羽簇。与领角鸮长相相似，区别在于眼睛黄色。

生活环境和习性—夜行性鸟类，栖息在树林。白天站在树枝上休息难以被发现，晚上出来觅食。一般通过夜晚的叫声来寻找。

国内分布—夏季繁殖于东北、华北和华中地区，在长江以南地区全年可见。

校园观鸟地点—晚上在学校的树林通过声音寻找。

校园观鸟季节—夏季。

乌灰鸫(wū huī dōng)

体　　长/20—23 cm

出现频率/

Japanese Thrush/*Turdus cardis*

头和肚子黑白分明

辨识特征—雄鸟头部黑色，背部、翅膀以及尾巴黑灰色而腹部白色，两肋具黑色斑点，特征十分明显。雌鸟似灰背鸫的雌鸟，上身褐色，两肋橘黄色，胸、腹部白色。与灰背鸫雌鸟的区别在于胸前的黑色纵纹一直延伸到腹部。

生活环境和习性—喜欢在灌木丛和树林中活动。

国内分布—夏季繁殖于中国东部地区，冬季在中国南方越冬。

校园观鸟地点—东区眼镜湖附近的树林。

校园观鸟季节—夏季。

乌灰鸫雌鸟

乌灰鸫育雏

黑枕黄鹂(hēi zhěn huáng lí)

L 体 长/23—27 cm

F 出现频率/

Black-naped Oriole/*Oriolus chinensis*

带黑眼罩、像香蕉一样的黄色鸟

辨识特征——雄鸟全身金黄色非常耀眼，粗大的黑色过眼纹一直延伸到脑后，翅膀和尾羽黑色。亚成鸟颜色较淡，胸腹部白色具纵纹。雌鸟黄色较淡，腹部有纵向条纹。

生活环境和习性——叫声像猫叫，歌声婉转动听。栖息在开阔地带、山地和村庄的树林中，常躲在茂密的树叶中鸣叫，有时也会停歇在裸露的树枝上。

国内分布——夏季繁殖于东北、华北、华中及秦岭淮河以南地区，在云南南部、海南岛和台湾为留鸟。

校园观鸟地点——校园高大的树冠上。

校园观鸟季节——夏季。

黑枕黄鹂亚成鸟

科普小知识

“两只黄鹂鸣翠柳”，这句诗描述的就是黑枕黄鹂。黄鹂全身金黄，翅膀、尾部以及头上部分区域为黑色，黑黄两色对比强烈，很难不引人注目。可是明明如此漂亮的鸟，为何却是以歌声闻名？这是因为黄鹂生性隐蔽，喜欢躲藏在树冠里鸣叫，所以即便再漂亮我们也不易看到，自然只能颂扬它的歌声了。

黑眉苇莺(hēi méi wěi yīng)

L 体　　长/11—13 cm

F 出现频率/

Black-browed Reed Warbler/*Acrocephalus bistrigiceps*

黑色眉毛的褐色小鸟

辨识特征—上体褐色、下体近白，两胁皮黄色，翅膀和尾巴深褐色。细小的过眼纹黑色，皮黄色的眉纹上有一道显著的黑色条纹。

生活环境和习性—生活在湿地边茂密的芦苇中，性情隐蔽，很少露面。

国内分布—夏季繁殖于东北、华北和长江下游，冬季在华南地区越冬。

校园观鸟地点—过去常见于同步辐射实验室水塘边的芦苇丛中，由于校园环境变更，现已不可见。

校园观鸟季节—夏季。

橙头地鸫(chéng tóu dì dōng)

Ⓛ体　　长/18—22 cm

Ⓕ出现频率/

Orange-headed Thrush/*Geokichla citrina*

头、胸为橙色的鸟

辨识特征——头、胸和腹部橙色，背部、翅膀和尾巴灰色，特征明显而不会被错认。

生活环境和习性——行踪隐秘，喜欢躲藏在浓密的灌木丛和树林下，有时也会飞到树上或在林缘附近的地面活动。

国内分布——夏季繁殖于长江流域及以南地区，在西南和华南为留鸟。

校园观鸟地点——校园树林和灌木丛下的地面。

校园观鸟季节——夏季。

寿带(shòu dài)

体　　长/30 cm

出现频率/

Amur Paradise Flycatcher/*Terpsiphone incei*

尾如飘带的鸟

辨识特征—颜色鲜艳而不会被错认的鸟。头黑色具冠羽,眼圈蓝色,胸灰色,腹部和臀部白色。雄鸟繁殖期中央尾羽会显著延长,飞在空中像两条飘着的丝带,故名“寿带”。雄鸟有棕色和白色两种色型,雌鸟只有棕色一种色型。棕色型雄鸟背、翅膀和尾羽棕色,白色型除头为黑色外,身体其余部分皆为白色。

生活环境和习性—生活在茂密的树林和城市公园的绿地。

国内分布—夏季繁殖于东北南部、华北、华中和秦岭淮河以南地区。

校园观鸟地点—在西区信息科学学院前的合欢树上有过目击记录。

校园观鸟季节—夏季。

寿带育雏 /夏家振

科普小知识

繁殖期的雄寿带外貌出众，那两跟如丝带般远远超出体长的中央尾羽挂在身上，犹如长袖善舞的舞者，不管起飞与否，都十分的吸引眼球。但除了繁殖羽以外，寿带蓝色的眼圈以及长有冠羽的黑色头部也非常的漂亮，值得为此好好观察一番。但寿带却很少在开阔地带展示它自己优美的身姿，而是隐匿在树林中，用草茎、树枝和苔藓在林中的枝杈上筑巢。孵蛋和育雏时雌鸟和雄鸟会分工合作轮番上阵，一起将幼鸟喂养长大。

北鹰鸮(běi yīng xiāo)

L 体　　长/22—32 cm

F 出现频率/

Northern Boobook/*Ninox japonica*

长相似鹰的褐色猫头鹰

辨识特征——上体和头部深褐色，面盘没有其他猫头鹰明显，长相酷似鹰类。下体白色密布深褐色纵纹。

生活环境和习性——生活在树林或树林边缘，不太常见。

国内分布——夏季繁殖于东北、中国中部和东部地区。在中国南方为留鸟。

校园观鸟地点——校园只有一次鸟撞记录。

校园观鸟季节——夏季。

冬候鸟

中国科大校园鸟类鉴赏指南

北红尾鸲(běi hóng wěi qú)

体　　长/13—15 cm

出现频率/☆☆☆☆☆

Daurian Redstart/*Phoenicurus auroreus*

翅上白斑的银头抖尾鸟

辨识特征——雄鸟背部、翅膀和喉部黑色，头顶发白，翅上白斑比雌鸟更加明显。雌鸟除尾巴外全身褐色，翅膀上有白斑。

生活环境和习性——喜欢在树林和灌木中活动，常立于突出位置。

国内分布——夏季繁殖于东北、华北、华中和西南地区，冬季在长江流域及以南地区越冬。

校园观鸟地点——常见于东区石榴园。

校园观鸟季节——冬季。

北红尾鸲雌鸟

科普小知识

北红尾鸲就像是冬天和我们的约定，看到了它就知道冬天已经来了。雄鸟银灰色的头顶就好像洒满了雪一样，和冬天寒冷的气候还挺般配的。当冬天万物凋零的时候，北红尾鸲的到来，为校园又增添了一抹亮色。无论雌雄，它们红红的尾巴和白色的翅斑在飞行中都异常耀眼。更何况它们还不惧怕人，总是会停在不远的角落注视着你，仿佛你才是被观察的那一个。

红胁蓝尾鸲(hóng xié lán wěi qú)

Ⓛ体　　长/13—15 cm

Ⓕ出现频率/

Orange-flanked Bluetail/*Tarsiger cyanurus*

红胁蓝尾的小鸟

辨识特征—雌雄鸟都有蓝色的尾巴、白色的喉和橘黄色的胁部。雄鸟颜色鲜艳,上体蓝色具白色眉纹。雌鸟和亚成鸟颜色暗淡,整个上体都为褐色。

生活环境和习性—喜欢在树林下的地面上以及贴近地面的灌木丛中活动。

国内分布—夏季繁殖于东北,迁徙经过华中和华北地区,在西南、华南和华东地区越冬。

校园观鸟地点—冬季校园的低矮灌丛。

校园观鸟季节—冬季。

红胁蓝尾鸲雌鸟

科普小知识

红胁蓝尾鸲的雄鸟应该是所有常见小鸟中最让人惊艳的了。大多数人都觉得常见鸟会像麻雀一样长相朴素,仿佛只有在原始森林中生活的鸟才配得上鲜艳的颜色。可是你看红胁蓝尾鸲的雄鸟,蓝色的背和黄色的两肋搭配得恰到好处,虽然颜色不多,却让你觉得异常美丽。雌鸟和亚成鸟虽然没有雄鸟那么美丽,但是也拥有橙色的两肋和蓝色的尾巴,只是失去了上半身蓝色的衬托,显得朴实无华。

黄腹山雀(huáng fù shān què)

体　　长/9—11 cm

出现频率/

Yellow-bellied Tit/*Pardaliparus venustulus*

头黑腹黄的小鸟

辨识特征—腹部明黄的山雀。体型较小,肚子黄色,背部橄榄绿色,为中国特有鸟种。雄鸟黑色的头部与白色脸颊和后颈的白色斑块对比明显。雌鸟和亚成鸟的颜色没有雄鸟对比那么强烈,黑色部位被橄榄绿色取代。

生活环境和习性—成群结队出现在树林中“叽叽喳喳”地叫,喜欢把食物用脚抓在树枝上低头用力啄,并发啄木头的声音。冬季经常集群出现,让你有种被黄腹山雀大军包围的感觉。

国内分布—中国中部、东部和华北大部分地区。

校园观鸟地点—冬季在校园中常成群结队出现在树林的枝头。

校园观鸟季节—冬季。

黄腹山雀雌鸟

科普小知识

黄黄的小个子，非常活泼好动，喜欢在枝头来回穿梭，在地下翻东西吃，偶尔也会安静下来老老实实地让你好好欣赏它，尤其是在它找到了食物准备吃掉的时候。黄腹山雀还喜欢啄木头，也可以把树皮啄开，如果你在树林中听到小声的啄木声，不妨去找找看是不是黄腹山雀。

黄腰柳莺(huáng yāo liǔ yīng)

L 体　　长/8—11 cm

F 出现频率/

Pallas's Leaf Warbler/*Phylloscopus proregulus*

腰部黄色的小柳莺

辨识特征—体型较小，整体黄绿色。头上有一条黄色顶冠纹和两条黄色眉纹组成的三道纵纹，背部橄榄绿色，飞起时腰部的黄色非常明显。

生活环境和习性—喜欢集群活动，在树枝间来回跳动捕食小虫，常出没于树林和灌木丛。非常活泼好动而难以被仔细观察。

国内分布—夏季在东北繁殖，迁徙经过中国中部和东部地区，在华中、华南和西南地区越冬。

校园观鸟地点—春秋两季迁徙经过时常见于学校的树林和灌木丛。

校园观鸟季节—春季、秋季。

黄眉柳莺(huáng méi liǔ yīng)

L 体　长/10 cm

F 出现频率/☆☆☆☆

Yellow-browed Warbler/*Phylloscopus inornatus*

眉毛发白的柳莺

辨识特征—没有特色的柳莺。眉纹基本呈白色,只是前端有些许黄色,生活习性和身体颜色似黄腰柳莺,飞起时没有黄色的腰部,头上只有两条黄色的眉纹,无顶冠纹。

生活环境和习性—成群在树枝间来回跳动捕食小虫,喜欢出没于树林和灌木丛。

国内分布—夏季在东北繁殖,迁徙经过中国中部和东部地区,在华中、华南和西南地区越冬。

校园观鸟地点—春秋两季迁徙经过时常见于学校的树林和灌木丛。

校园观鸟季节—春季、秋季。

燕雀(yàn què)

L 体　　长/14—17 cm

F 出现频率/

Brambling/*Fringilla montifringilla*

头黑的棕红色雀鸟

辨识特征—嘴短呈圆锥状，身体敦厚。雄鸟头和上体黑色，胸腹部橘黄。翅膀上黑色和橘黄相间。雌鸟身上的黑色较淡，头偏灰色。

生活环境和习性—生活在树林中，喜欢集大群停留在水边和空地的树上。

国内分布—中国东部和西北地区越冬。

校园观鸟地点—校园中大片的树林。

校园观鸟季节—冬季。

燕雀雌鸟

科普小知识

燕雀由于"燕雀安知鸿鹄之志"而被人们熟知，但其实这句古文中的燕雀实际上是代指体型如麻雀般的小型鸟类，当然也包括燕雀在内。燕雀体型非常接近麻雀，在冬天常成大群聚集在一起，所以远看过去往往被误认为是一大群麻雀。其实燕雀比麻雀要好看多了，身上以橘黄色为基调，大块的黑色被恰到好处的涂抹上去，大自然简直就是一个优秀的画家，不然怎么会画出燕雀这样美丽的杰作。

黄雀(huáng què)

体　　长/10.5—12 cm

出现频率/☆☆☆

Eurasian Siskin/*Spinus spinus*

头黑的黄色雀鸟

辨识特征—雄鸟背部黄色具黑色纵纹,黑色的头顶、尾巴和翅尖与黄色的腹部、脸颊对比明显。翅膀黄色,具有两条宽阔的黑色横带。雌鸟腹部白色,具黑色纵纹,背部淡绿色,具不明显的纵纹,但是黑色的翅尖和尾巴依旧显眼。

生活环境和习性—喜欢成群出没于林间。

国内分布—冬季往南方迁徙越冬,夏季在中国东北繁殖。

校园观鸟地点—成群出现于东区石榴园的大树上。

校园观鸟季节—冬季。

黄雀雌鸟

科普小知识

人们总说“螳螂捕蝉，黄雀在后”，但实际上有的黄雀可能一辈子都没吃过螳螂。黄雀以素食为主，各类植物的嫩芽、果实、种子等才是它们的主食，其中尤以枫香的种子为它的最爱。黄雀圆锥状的嘴巴能让它们方便地把枫香的种子从果实中取出来，所以若是想观察黄雀，在冬天黄雀出没的地方守着一颗挂满果的枫香树准没错。

斑鸫(bān dōng)

L 体　　长/20—24 cm

F 出现频率/☆☆☆

Dusky Thrush/*Turdus eunomus*

胸部有黑斑，白眉毛

辨识特征—中等体型的黑褐色鸫类。头黑色具白色眉纹，脸下有一个白色的月牙状斑纹。背和尾黑色，翅膀褐色。白色的腹部上有黑色的点斑。

生活环境和习性—喜欢集群栖息在大树上，有时会在空旷的草地上觅食。

国内分布—迁徙季见于东北、华北和华中地区，在秦岭淮河以南过冬。

校园观鸟地点—冬季校园中的大树上以及草坪上。

校园观鸟季节—冬季。

红尾鸫(hóng wěi dōng)

Ⓛ体　　长/23—25 cm

Ⓕ出现频率/☆☆☆

Naumann's Thrush/*Turdus naumanni*

胸部有红斑

辨识特征—似斑鸫，为斑鸫的一个亚种独立成种。与斑鸫的区别在于喉和眉纹红褐色，尾红色，胸前的斑点为红褐色。

生活环境和习性—与斑鸫类似，常与斑鸫混群。

国内分布—迁徙季见于东北、华北和华中地区，在秦岭淮河以南过冬。

校园观鸟地点—冬季校园中的大树上以及草坪上。

校园观鸟季节—冬季。

灰背鸫(huī bèi dōng)

L 体　　长/20—23 cm

F 出现频率/☆☆☆

Grey-backed Thrush/*Turdus hortulorum*

背部灰色、两胁红色

灰背鸫雄鸟

灰背鸫雌鸟

辨识特征—雄鸟与雌鸟有明显差异的一种中型鸫类。雄鸟头、背、胸、翅膀和尾灰色，腹部和喉白色，胁部橘黄色非常明显。雌鸟两胁也为橘黄色，但是身上的灰色部分由褐色代替，胸前有黑色纵纹，但纵纹不延伸到腹部。

生活环境和习性—喜欢在茂密的灌木丛或树林下的地面活动。

国内分布—夏季在东北繁殖，迁徙经过中国东部地区，在长江以南越冬。

校园观鸟地点—校园茂密的树林以及灌木丛下的地面。

校园观鸟季节—冬季。

灰鹡鸰(huī jí líng)

体　　长/19 cm

出现频率/

Grey Wagtail/*Motacilla cinerea*

黄屁股的灰色抖尾鸟

辨识特征——身体修长的小鸟，似白鹡鸰。上背灰色，翅膀和尾黑色，下体白色，有时发黄，臀部黄色，飞行时黄色的腰很明显。繁殖季节喉部变成黑色，下体黄色变得十分鲜艳。

生活环境和习性——喜欢在水域附近开阔的地面上活动。

国内分布——繁殖于中国东北、华北地区，在西南、华南，长江中游地区以及台湾过冬，迁徙经过中国中部和东部地区。

校园观鸟地点——水塘边的空地。

校园观鸟季节——1—5 月，9—12 月。

普通鵟(pǔ tōng kuáng)

体　　长/50—59 cm

出现频率/☆☆

Eastern Buzzard/*Buteo japonicus*

头大身子短的老鹰

辨识特征—体型略大的猛禽，上体褐色。翅膀展开较宽阔，从下往上看白色的翅膀上会有两块醒目的黑色斑点。

生活环境和习性—喜欢翱翔于开阔的原野和水域上方，在树枝上停歇。飞行时常常不扇动翅膀，利用热气流在空中盘旋。

国内分布—繁殖于东北。冬季在新疆西北和长江流域及以南地区越冬。

校园观鸟地点—冬季有时会在校园的上空盘旋。

校园观鸟季节—冬季。

褐柳莺(hè liǔ yīng)

Ⓛ体　　长/11—12 cm

Ⓕ出现频率/☆☆

Dusky Warbler/*Phylloscopus fuscatus*

白眉毛的褐色小鸟

/吕晨枫

辨识特征—中等体型的褐色柳莺。上体褐色,下体白色,两胁以及臀部淡棕色。具有一条白色的眉纹,褐色的翅膀上无翼斑。在柳莺中叫声与众不同,一般通过叫声来辨别。

生活环境和习性—喜欢躲在水边或树林中低矮浓密的灌木和芦苇丛中鸣叫,通过声音非常容易找到。

国内分布—夏季繁殖于中国东北、内蒙古、甘肃、四川和西藏东部,迁徙经过华中和华东,冬季在中国南方越冬。

校园观鸟地点—校园中的花坛以及灌木丛中。

校园观鸟季节—1—4 月,9—12 月。

树鹨(shù liù)

L 体　　长/15—16 cm

F 出现频率/

Olive-backed Pipit/*Anthus hodgsoni*

胸部有纵纹的橄榄绿色小鸟

辨识特征—嘴细而尖的橄榄绿色小型鸟类，身体瘦长。白色的胸腹部具黑色纵纹，头上有白色眉纹，翅膀上有两道翼斑，耳后有一个白色圆点。

生活环境和习性—生活在树林或树林边缘，在地面或树上觅食。

国内分布—夏季繁殖于东北地区及陕西和川藏，在长江以南地区越冬，在西南地区为留鸟。

校园观鸟地点—校园中的树林以及草坪。

校园观鸟季节—冬季。

白眉地鸫(bái méi dì dōng)

Ⓛ体　　长/21—24 cm

Ⓕ出现频率/

Siberian Thrush/*Geokichla sibirica*

白眉毛的黑鸟

白眉地鸫雄鸟

白眉地鸫雌鸟

辨识特征—雄鸟特征明显，头上有一道显著的白色眉纹，通体青黑色。雌鸟似斑鸫，上体褐色，眉纹和喉皮黄色，下体白色具褐色斑纹。

生活环境和习性—栖息在树林下的地面。

国内分布—夏季繁殖于东北，冬季在华南南部，海南岛和台湾越冬，迁徙经过华北、华东、华南和西南地区。

校园观鸟地点—校园灌木丛和树林下的地面。

校园观鸟季节—冬季。

东方白鹳(dōng fāng bái guàn)

体　　长/112—121 cm

出现频率/

Oriental Stork/*Ciconia boyciana*

黑嘴、红眼睛的长腿白色大鸟

辨识特征—体大的白色大鸟。身上白色,翅膀上的飞羽为黑色,长而尖的嘴黑色,红色的大长腿和眼周裸露的皮肤非常显眼。

生活环境和习性—集群栖息于湿地捕食鱼虾,迁徙时会在沿途湿地和鱼塘边停歇。

国内分布—夏季繁殖于东北,迁徙经过中国东部地区,冬季生活于长江流域和中国东南部的湖泊。

校园观鸟地点—冬季迁徙时会路过合肥,偶尔会从校园上方飞过。

校园观鸟季节—冬季。

小太平鸟(xiǎo tài píng niǎo)

L 体　　长/16 cm

F 出现频率/

Japanese Waxwing/*Bombycilla japonica*

尾巴末端一道红

辨识特征—特征显著、颜色鲜艳的小鸟。头上的冠羽耸立,黑色的过眼纹绕过冠羽延伸至头后。嘴短小,喉黑色,额头和髭纹棕色,臀部绯红色,身上灰褐色。翅膀和尾巴上的颜色非常鲜艳。尾巴末端先变成黑色最后变成绯红色,翅膀黑色部分具醒目的白色条纹。

生活环境和习性—集群在果树及灌丛间活动。

国内分布—夏季繁殖于东北地区,冬季在华北和华东地区越冬。

校园观鸟地点—校园的树林。

校园观鸟季节—冬季。

丘鹬(qiu yù)

L 体　　长/35 cm	Eurasian Woodcock/*Scolopax rusticola*
F 出现频率/	头顶有横斑的长嘴鸟

/孙葆根

辨识特征—身材显得敦厚矮胖，腿短，嘴长而直。上体褐色。具黑色杂斑，头上有几条深褐色的横纹。下体偏白，具细小的褐色横纹。

生活环境和习性—走路时一顿一顿的像在跳舞，夜行性鸟。喜欢待在树林中，白天伏于地面或在树上停歇，夜晚飞至开阔地进食。

国内分布—繁殖于黑龙江北部、新疆西北部、四川及甘肃南部，迁徙经过中国东部和中部，冬季在长江流域及长江以南地区越冬。

校园观鸟地点—校园只有一次鸟撞记录。

校园观鸟季节—冬季。

旅鸟

灰纹鹟(huī wén wēng)

L 体　　长/14 cm

F 出现频率/

Grey-streaked Flycatcher/*Muscicapa griseisticta*

胸满布深灰色纵纹的灰色小鸟

辨识特征——灰白两色没什么特征的小鸟。嘴巴短且细。上体灰色，胸、腹部白色有灰色纵纹。翅膀颜色较背部更深，翅上有一道白色横纹。翅尖收拢位于尾巴末端。

生活环境和习性——迁徙季会经过中国东部大部分地区，生活在树林、林缘和水池边。会从停歇的树枝上飞到空中捕食。飞走后经常会返回到原来停歇的地方。

国内分布——夏季繁殖于东北，迁徙季经过中国东部。

校园观鸟地点——校园各处的树林，尤其喜欢池塘边的树林。

校园观鸟季节——4—5 月，9—10 月。

北灰鹟(běi huī wēng)

L 体　　长/14 cm

F 出现频率/

Asian Brown Flycatcher/*Muscicapa dauurica*

胸部白色的灰色小鸟

辨识特征 外观与灰纹鹟极其相似，但是胸前白色且灰色纵纹很少。翅膀收拢时翅尖与尾巴末端尚有一定距离。

生活环境和习性 与灰纹鹟类似，迁徙季节常同时出现。

国内分布 夏季繁殖于东北，迁徙季经过中国东部和中部地区，冬季在云南、广西和华南等地越冬。

校园观鸟地点 校园各处的树林，尤其喜欢池塘边的树林。

校园观鸟季节 4—5月，9—10月。

乌鹟(wū wēng)

体　长/12—14 cm

出现频率/

Dark-sided Flycatcher/*Muscicapa sibirica*

胸部有模糊斑纹的灰色小鸟

辨识特征 似灰纹鹟,上体褐色,下体白色,胸前有模糊的灰色斑纹。和灰纹鹟的主要区别在于翅膀收拢时翅尖距离尾巴末端较远。亚成鸟头和背具白色点斑。

生活环境和习性 似灰纹鹟,常与灰纹鹟和北灰鹟一起出没。

国内分布 夏季繁殖于东北、秦岭和川藏。迁徙经过中国东部和中部地区,冬季在华南、广西和云南南部越冬。

校园观鸟地点 校园各处的树林,尤其喜欢池塘边的树林。

校园观鸟季节 4—5 月,9—10 月。

乌鹟亚成鸟

科普小知识

鹟是一类很有特色的鸟，它们停在一个地方，看到有猎物飞过便突然飞起捕捉。因此可以经常看到它们停在某处，然后快速起飞离开，不一会儿又回到了原地。如果你在观察一只鹟，看到它飞走了，不妨等一会，你就会发现它又回来了。

鸲姬鹟(qú jī wēng)

体 长/11—15 cm

出现频率/

Mugimaki Flycatcher/*Ficedula mugimaki*

胸、腹橘黄，眉毛短的小鸟

鸲姬鹟雄鸟

鸲姬鹟雌鸟

辨识特征 雄鸟上体黑色，白色眉纹短小，翅膀上有一白色斑块，外侧尾羽基部白色，腹部白色，喉和胸橘黄色。雌鸟上体褐色，喉部和胸部的橘黄色较雄鸟要淡一些。

生活环境和习性 栖息于树林以及林缘。

国内分布 夏季繁殖于东北，迁徙经过中国东部地区，冬季在华南越冬。

校园观鸟地点 校园树林的枝头。

校园观鸟季节 4—5 月，9—10 月。

黄眉姬鹟(huáng méi jī wēng)

L 体　　长/11.5—14 cm
F 出现频率/

Narcissus Flycatcher/*Ficedula narcissina*

黄色眉毛的黑黄色小鸟

辨识特征 —雄鸟似白眉姬鹟雄鸟，区别在于眉纹黄色，喉部发红。雌鸟似白眉姬鹟雌鸟，区别在于腰部无黄色。

生活环境和习性 —似白眉姬鹟，栖息于树林和灌木中。

国内分布 —冬季在海南岛越冬，迁徙季会经过中国东部地区。

校园观鸟地点 —校园树林的枝头。

校园观鸟季节 —4—5 月，9—10 月。

极北柳莺(jí běi liǔ yīng)

Ⓛ体　　长/11—13 cm

Ⓕ出现频率/

Arctic Warbler/*Phylloscopus borealis*

没有特色、体型略大的柳莺

辨识特征　体型较大的橄榄绿色柳莺。上体橄榄绿色,下体污白色。体型较黄腰柳莺和黄眉柳莺明显更大。有一道显著的白色或皮黄色眉纹,但眉纹不延伸至嘴基处。嘴较大,上嘴深色,下嘴基浅色。具有两条翼斑,但由于羽毛磨损可能只看到一条。

生活环境和习性　迁徙季节会出现在中国东部地区的树林中,在树枝间跳动取食。

国内分布　夏季繁殖于黑龙江北部和东部,迁徙经过中国中部和东部地区,在中国南方越冬。

校园观鸟地点　迁徙季节学校各处的树林和灌木丛。

校园观鸟季节　4—5 月,9—10 月。

科普小知识

柳莺是非常娇小的鸟儿，不细看很容易忽视它们的存在。它们总是成群出现，在树枝间跳动，仿佛一刻都停不下来。当你的眼睛好不容易锁定了一只，一不注意它就又不知道窜到哪里去了，等你再次看到它的时候，它嘴里又不知从哪里抓到了一只小虫。不同种类的柳莺长相都很相似，又都不太“乖巧”，不好观察，所以很难辨认。可是它们又是那么灵动，当它们从你身边飞过时，会再次吸引着你的目光，不得不为它驻足欣赏一段时间，让你每次想放弃辨识的时候，又忍不住再努力一次。真是让人“又爱又恨”啊。

冕柳莺(miǎn liǔ yīng)

体　　长/11—12 cm

出现频率/

Eastern Crowned Warbler/*Phylloscopus coronatus*

屁股发黄的橄榄绿小鸟

辨识特征——在柳莺中属于体型较大的一类，脑后有一道较短的顶冠纹，上体橄榄绿色，下体白色，臀部淡黄色，眉纹较长且前端发黄后端发白，翅膀上只有一道白色翼斑。

生活环境和习性——单独或成群活动于树林。

国内分布——迁徙经过中国东部和中部，夏季在东北和四川繁殖。

校园观鸟地点——校园的树林。

校园观鸟季节——4—5 月，9—10 月。

白腹蓝鹟(bái fù lán wēng)

L 体　　长/14—17 cm

F 出现频率/

Blue-and-white Flycatcher/*Cyanoptila cyanomelana*

钴蓝色白肚子的小鸟

白腹蓝鹟雄鸟

白腹蓝鹟雌鸟

辨识特征—体型较大的一种姬鹟。雄鸟上体蓝色，脸、喉及胸部偏黑，腹部白色。雌鸟上体褐色，翅膀和尾巴深褐色，喉白色。雌鸟与其他鹟类的区别在于体型较大，嘴较粗壮。亚成雄鸟似雌鸟，但两翼蓝色。

生活环境和习性—似其他鹟类，喜欢栖息于树林中。

国内分布—夏季繁殖于东北，迁徙经过中国中部、西南和东部地区，冬季在台湾和海南岛越冬。

校园观鸟地点—校园中的树林。

校园观鸟季节—4—5 月，9—10 月。

红喉姬鹟(hóng hóu jī wēng)

体　　长/11—13 cm

出现频率/

Taiga Flycatcher/*Ficedula albicilla*

爱抖尾巴的灰色小鸟

红喉姬鹟雄鸟

尾羽基部白色

红喉姬鹟雌鸟

辨识特征　上体褐色,尾巴黑色但外侧尾羽基部白色,下体皮黄色。繁殖期雄鸟喉和胸红色。喜欢上下抖尾巴的行为是其区别于其他鹟类的一大特征,此时尾巴外侧基部的白色非常明显。

生活环境和习性　栖息于林缘和水边的小树。

国内分布　迁徙经过中国中部和东部地区,冬季在广西、广东和海南岛越冬。

校园观鸟地点　水池边树林的树枝上。

校园观鸟季节　4—5 月,9—10 月。

远东树莺(yuǎn dōng shù yīng)

Ⓛ体　　长/17 cm

Ⓕ出现频率/

Manchurian Bush Warbler/*Horornis canturians*

爱唱歌的棕色长尾巴小鸟

辨识特征——体型较大的树莺，上体褐色，头顶偏棕色，下体灰色，皮黄色的眉纹显著。叫声婉转特别。

生活环境和习性——躲藏在茂密的灌木丛和树林中鸣叫，难以观察。

国内分布——夏季在甘肃、河南、浙江、安徽等长江以北地区繁殖，冬季在华南、东南及海南岛越冬。

校园观鸟地点——一般躲在茂密的矮树丛中鸣叫，主要通过声音寻找和辨认。

校园观鸟季节——4—5月，9—10月。

棕腹啄木鸟(zōng fù zhuó mù niǎo)

体　　长/17—20 cm

出现频率/

Rufous-bellied Woodpecker/*Dendrocopos hyperythrus*

腹部棕色的啄木鸟

辨识特征——腹部和颈部棕色的啄木鸟，不会被错认。臀部红色，黑色的背上布满白色点斑。雄鸟头顶红色，雌鸟头顶黑色具白色小点，且腹部棕色较淡。

生活环境和习性——与其他啄木鸟一样，喜欢在有大树的树林活动。趴在树干上啄洞取食树中的虫子。

国内分布——繁殖于黑龙江，迁徙经过东北、华北、华中和秦岭淮河以南地区。在云贵高原、西藏东部和喜马拉雅山脉为留鸟。

校园观鸟地点——校园大树的树干上。

校园观鸟季节——2—4 月，9—11 月。

牛头伯劳(niú tóu bó láo)

L 体　长/17.7—22 cm

F 出现频率/

Bull-headed Shrike/*Lanius bucephalus*

头部发红的伯劳

辨识特征 —醒目的红褐色头部为其与其他伯劳最大的不同，具浅色的白眉纹。雄鸟眼罩黑色，背和尾巴灰褐色，两胁棕色。雌鸟眼罩为棕色。

生活环境和习性 —喜欢次生林和农田。

国内分布 —夏季繁殖于华北和东北地区，在中国东南部越冬。

校园观鸟地点 —校园的树林和灌木丛。

校园观鸟季节 —4—5 月，9—10 月。

东亚石䳭(dōng yà shí jí)

体　　长/12—15 cm

出现频率/

Stejneger's Stonechat/*Saxicola stejnegeri*

头黑、背褐、翼上有白斑的小鸟

东亚石䳭雄鸟

东亚石䳭雌鸟

辨识特征——雌雄异色。雄鸟特征明显，头黑色，背、翅膀和尾巴黑色，胸橘红色，颈侧有一块白斑。雌鸟特征不甚明显，全身褐色，下体偏白，尾黑。眉纹皮黄色，背和翅膀具黑色纵纹。

生活环境和习性——喜欢栖息在开阔地带的灌木丛。

国内分布——夏季繁殖于东北，迁徙经过中国东部地区，冬季在华南繁殖。

校园观鸟地点——学校里的灌木丛和高大的草丛。

校园观鸟季节——4—5 月，9—10 月。

白眉鹀(bái méi wú)

Ⓛ体　　长/13—15 cm

Ⓕ出现频率/

Tristram's Bunting/*Emberiza tristrami*

头部有五道白条纹的小鸟

辨识特征 雄鸟头部特征明显,头黑色具明显的白色眉纹和髭纹。上体棕褐色具黑色纵纹,下体白色,胸部有棕色纵纹。雌鸟头部图案似雄鸟但眉纹和髭纹皮黄色。

生活环境和习性 多见于树林或灌木丛下的地面。

国内分布 夏季在中国东北,迁徙季经过中国东部地区,冬季在中国南方越冬。

校园观鸟地点 迁徙季节会出现在学校的灌木丛下。

校园观鸟季节 4—5 月,9—10 月。

厚嘴苇莺(hòu zuǐ wěi yīng)

L 体　　长/16.5—20 cm

F 出现频率/

Thick-billed Warbler/*Arundinax aedon*

嘴巴宽厚、全身褐色的小鸟

辨识特征——体型较大的棕色苇莺。上体浅棕色没有杂斑，下体白色，脸上没有白色眉纹或过眼纹，嘴较粗壮。

生活环境和习性——常单独或成对地在茂密的灌丛、草丛中活动。

国内分布——繁殖于东北和内蒙古东部，迁徙经过中国东部和中部地区。

校园观鸟地点——学校的灌木丛和高大的草丛。

校园观鸟季节——4—5 月，9—10 月。

白眉鸫(bái méi dōng)

体　长/19—23 cm

出现频率/

Eyebrowed Thrush/*Turdus obscurus*

有白色眉纹的褐色鸟

辨识特征—雄鸟头灰色,有一道显著的白色眉纹,上体其余部位橄榄褐色。下体除胸侧和两胁橙色外,其余地方皆为白色。雌鸟头部为褐色。

生活环境和习性—生活在树林和低矮灌木丛。

国内分布—迁徙经过中国东部和中部地区,冬季在华南和西南越冬。

校园观鸟地点—校园中的树林。

校园观鸟季节—4—5 月,9—10 月。

红尾歌鸲(hóng wěi gē qú)

L 体　　长/13—15 cm

F 出现频率/

Rufous-tailed Robin/*Larvivora sibilans*

胸部有贝壳花纹的褐色小鸟

辨识特征　上体褐色，尾巴和翅膀深褐色，下体白色，脚粉色。胸前具有棕色的贝壳状花纹。

生活环境和习性　喜欢躲在灌木丛或花坛下的地面歌唱。歌唱声音非常有特点，很像小鹡鹡求偶的声音。

国内分布　在东北北部繁殖，迁徙经过中国东部，冬季在华南越冬。

校园观鸟地点　校园中的花坛以及灌木丛下的地面。

校园观鸟季节　4—5 月，9—10 月。

红喉歌鸲(hóng hóu gē qú)

L体　　长/14—17 cm

F出现频率/

Siberian Rubythroat/*Calliope calliope*

喉咙红色的小鸟

辨识特征 —全身褐色。繁殖期雄鸟喉部红色，眼先黑色具白色的眉纹和髭纹。雌鸟喉部红色较淡。

生活环境和习性 —喜欢生活在靠近水域的浓密树林。

国内分布 —夏季繁殖于东北、青海和甘肃，冬季在华南、台湾和西南越冬，迁徙经过中国中部和东部地区。

校园观鸟地点 —也西湖中的小岛和眼镜湖边的树林。

校园观鸟季节 —4—5 月，9—10 月。

蓝歌鸲(lán gē qú)

L 体　　长/12—14 cm	Siberian Blue Robin/*Larvivora cyane*
F 出现频率/	背蓝色、白肚子的小鸟

辨识特征——雄鸟上体蓝色，下体白色，脸颊黑色一直延伸到胸侧。雌鸟上体褐色，喉和胸具皮黄色鳞状斑纹，腰蓝色为其主要辨识特征。

生活环境和习性——栖息于密林下的地面。

国内分布——夏季在黑龙江繁殖，迁徙经过中国东部、西南和中部地区，冬季在华南越冬。

校园观鸟地点——校园只有一次鸟撞记录。

校园观鸟季节——4—5 月，9—10 月。

宝兴歌鸫(bǎo xīng gē dōng)

体　　长/20—24 cm
出现频率/

Chinese Thrush/*Turdus mupinensis*
白肚子上挂满黑色圆斑

辨识特征——上体褐色,下体白色具黑色圆点。耳羽处有一个明显的黑色斑块,翅膀上有两条白色翼斑。

生活环境和习性——喜栖息于树林下的灌木中。

国内分布——中国西部和长江中下游地区。

校园观鸟地点——校园的灌木丛和草地。

校园观鸟季节——4—5 月,9—10 月。

鹗(è)

L 体　　长/51—64 cm

F 出现频率/

Western Osprey/*Pandion haliaetus*

黑白两色的捕鱼老鹰

辨识特征—褐白两色特征明显的鹰。头和腹部白色,上体褐色,飞在空中从下观察翅膀和腹部的白色连成一个三角形,飞行时翅膀呈 M 形。雌鸟胸前常具有一个褐色胸带。

生活环境和习性—完全以鱼为食,又称鱼鹰。栖息于湖泊、河流、海岸附近。

国内分布—全国大部分地区都有分布。在东北和西北为夏候鸟,台湾为冬候鸟,合肥为旅鸟。

校园观鸟地点—偶尔从学校上空飞过。

校园观鸟季节—4—5 月,9—10 月。

白喉矶鸫(bái hóu jī dōng)

L 体　长/17—18 cm
F 出现频率/

White-throated Rock Thrush/*Monticola gularis*
头戴蓝帽子，喉部有一点白

白喉矶鸫雄鸟

白喉矶鸫雌鸟

辨识特征——雄鸟头顶蓝色，翅上有一块蓝色和白色斑纹，上体其余部分黑色具褐色斑纹。耳羽黑色，下体橙色，喉白色。雌鸟似怀氏虎鸫，但体型更小，喉白色，眼后无黑色新月状斑纹。

生活环境和习性——栖息于树林或多草的岩石地区。

国内分布——繁殖于东北及河北省和山西省，迁徙经过中国东部地区，冬季在福建和华南越冬。

校园观鸟地点——校园的树林。

校园观鸟季节——4—5月，9—10月。

矛斑蝗莺(máo bān huáng yīng)

L 体　　长/11—14 cm

F 出现频率/

Lanceolated Warbler/*Locustella lanceolate*

背上具纵纹的褐色小鸟

辨识特征——上体褐色，头顶至背部密布黑色纵纹。下体白色，胸和两胁具细小的黑色纵纹。

生活环境和习性——生活在稻田和湿地附近的灌木丛。

国内分布——夏季繁殖于东北，迁徙经过中国东部和中部地区。

校园观鸟地点——曾发现于校园围墙的灌木丛下，迁徙季节可留心在校园的灌木丛中寻找。

校园观鸟季节——4—5 月，9—10 月。

中/国/科/大/校/园/鸟/类
鉴/赏/指/南

迷鸟

红嘴山鸦(hóng zuǐ shān yā)

Ⓛ体　　长/36—48 cm

Ⓕ出现频率/

Red-billed Chough/*Pyrrhocorax pyrrhocorax*

红嘴下弯的大黑鸟

辨识特征—全身黑色,脚红色,红色的嘴细长而略微下弯。

生活环境和习性—成群生活于开阔的高山草地和农田附近。

国内分布—东北以外的秦岭淮河以北地区,在合肥地区为迷鸟。

校园观鸟地点—偶尔从学校上空飞过。

校园观鸟季节—不确定。

中/国/科/大/校/园/鸟/类

鉴/赏/指/南

相似鸟的辨识

01 山斑鸠和珠颈斑鸠

01/02 山斑鸠
03/04 珠颈斑鸠

山斑鸠和珠颈斑鸠同属于鸠鸽科斑鸠属，与常见的家鸽是亲戚。作为城市中最常见的两位鸠鸽科成员，两者亦容易混淆，可通过以下三点进行区分：① 脖子上的斑纹：珠颈斑鸠脖子上有黑白相间的珍珠状斑纹；而山斑鸠脖子上的斑纹为斜的“川”字形。② 身体的颜色：珠颈斑鸠背和翅膀为浅褐色，胸腹部通具粉红色；山斑鸠背和翅膀上具褐色与黑色相间的贝壳状花纹，胸腹部通常为灰色。③ 尾羽末端：珠颈斑鸠尾羽末端的白色在中间断开未连在一起，山斑鸠尾羽末端的白色连成一条线，区别非常明显。当一只斑鸠从眼前飞过，我们该如何快速区分它呢？斑鸠飞行和即将降落时，尾巴常会打开，这时可通过观察尾羽末端来区分它们。

02 黄腰柳莺和黄眉柳莺

01/黄腰柳莺
02/黄眉柳莺

柳莺体型娇小又生性活泼好动，常在枝丫上不停跳动，难以长时间驻足让人观察，因此区别柳莺需要抓住它们的主要特征。在中国科学技术大学校园中常见的是黄眉柳莺和黄腰柳莺，要区分它们需要抓住以下三点：① 黄腰柳莺飞行时会露出一段明显的黄腰，而黄眉柳莺并无此特征；② 黄腰柳莺头顶上有一道黄色的顶冠纹；③ 虽然黄眉柳莺名字里带“黄眉”二字，但实际上相较黄腰柳莺，眉纹颜色偏白，而黄腰柳莺的眉纹带明显的黄色。

03 乌鸫和八哥

01/乌鸫

02/八哥

在生活中常见的中等体型黑色鸟中，最容易混淆的便是乌鸫和八哥。乌鸫与八哥的体型和颜色都非常接近，又经常出没于人居环境，因此极易弄混。乌鸫的脚为黑色，而八哥的脚为黄色。乌鸫通体黑色，而八哥飞行时翅膀上的白色翼斑非常明显，翅膀收拢也能看到一个白色小点。此外，八哥在嘴基部处的毛会向上耸立，乌鸫并无此特征。

04 喜鹊和鹊鸲

01/喜鹊
02/鹊鸲

鹊鸲与喜鹊配色相近，非常像缩小版的喜鹊，因此对于观鸟初学者来说，也常常容易搞混。鹊鸲为鹟科鸟类，体小，长约 20 cm；喜鹊为鸦科鸟类，体大，长 40 cm 以上，两者身板相去甚远，通过体型可以很好地区分它们。鹊鸲身上的配色为黑色和白色，缺少了喜鹊身上的闪蓝色。鹊鸲歌声婉转，如远远地看到一只小型“喜鹊”在草坪上踱步或者在枝杈上引吭高歌，那无疑是一只鹊鸲。

05 灰喜鹊和喜鹊

01/灰喜鹊

02/喜鹊

灰喜鹊和喜鹊虽名字中都带有“喜鹊”二字，但是灰喜鹊并不是灰色的喜鹊。灰喜鹊和喜鹊同属于鸦科，但一个是灰喜鹊属，一个是鹊属。同时灰喜鹊的身形相对喜鹊来说更显修长，没有喜鹊那么敦厚。此外，喜鹊腹部白色，有很大的白色翅斑；灰喜鹊整体颜色偏淡，背部和翅膀为灰色和淡蓝色，身体颜色之间的对比也没有喜鹊那么强烈。

06 灰椋鸟和丝光椋鸟

01/灰椋鸟
02/丝光椋鸟

灰椋鸟、丝光椋鸟和八哥是校园中比较常见的椋鸟。其中灰椋鸟和丝光椋鸟会混群活动，常容易弄混。丝光椋鸟翅和尾蓝色，飞行时翅上具白斑；灰椋鸟翅灰色，无翅斑，飞行时白腰明显。灰椋鸟头黑，脸颊白色；而丝光椋鸟头部发白且有丝绸光泽。

07 黑卷尾和发冠卷尾

01/黑卷尾

02/发冠卷尾

黑卷尾与发冠卷尾同属鸦科卷尾属,全身近黑,且发冠卷尾的发冠远距离难以观测到,头部上扬时发冠远距离难以观测,有时易混淆,可以通过以下两点进行辨识:① 黑卷尾全身发黑,而发冠卷尾的翅膀和脖子在阳光下常呈现蓝色的金属光泽;② 黑卷尾的尾羽会交叉成剪刀状,而发冠卷尾的尾羽不交叉但是末端上翘。

08 家燕和金腰燕

01/02 家燕
03/04 金腰燕

家燕和金腰燕是夏季校园中常见的两种燕子,但观察到的大多是它们在空中快速划过的身影,因此常不宜辨识。但金腰燕在空中飞翔时金色的腰部非常明显,而家燕则是红色的喉部最显眼,通过这两个特征可快速识别飞行中的燕子。这两种燕子都喜欢在屋檐下筑巢,它们的巢亦存在很大区别。家燕喜欢筑杯状巢,巢的开口向上;金腰燕喜欢用圆形的泥丸筑袋状巢,巢的开口在侧边。

09 银喉长尾山雀和红头长尾山雀

01/银喉长尾山雀
02/红头长尾山雀

红头长尾山雀和银喉长尾山雀的幼鸟在羽翼还未丰满的时候，便会加入到群体中，跟随父母一起在森林中游荡。只是这个时候它们还不能完全独立捕食，也无法像自己的父母一样那么熟练地飞行，经常是一群长尾山雀幼鸟跟在队伍里跌跌撞撞的飞行，然后停在树枝上等候亲鸟抓来的虫子。一旦亲鸟叼着虫子飞来，他们立马伸着脖子张开嘴巴求着亲鸟给他们喂食。

银喉长尾山雀和红头长尾山雀同为小型鸟类，二者习性相近，有时也会混群活动，因此观察时需要加以分辨。两者之间最大的区别是银喉长尾山雀为黑白两色，颜色略显单调，配色很像大熊猫。而红头长尾山雀有红色的头顶和腹部，黑色的脸和胸兜，颜色更加鲜艳，配色很像小熊猫。需要注意的是，银喉长尾山雀的幼鸟胸部发红，长得反而更像红头长尾山雀；而红头长尾山雀的幼鸟身上却没有一点红色，长得倒更像银喉长尾山雀。

10 斑鸫和红尾鸫

01/斑鸫
02/红尾鸫

红尾鸫以前是斑鸫的一个亚种，现在分出来成了一个独立的物种，但是它们两经常在一起活动，并且羽色十分接近。两者的区别主要为：红尾鸫喉、眉毛和胸部的斑点偏红色；斑鸫喉和眉毛白色，胸部的斑点黑色。

11 棕背伯劳和红尾伯劳

01/棕背伯劳
02/红尾伯劳

红尾伯劳和棕背伯劳都是中国科学技术大学校园中较常见的两种伯劳，那么该如何区分它们呢？红尾伯劳头、背和尾砖红色；棕背伯劳头部灰色，背棕色，尾黑色。红尾伯劳和棕背伯劳虽然翅膀都偏黑，但是红尾伯劳翅膀与背部颜色的对比没有棕背伯劳那么明显。

12 北灰鹟、乌鹟和灰纹鹟

01/北灰鹟
02/乌鹟
03/灰纹鹟

作为迁徙季节会光顾中国科学技术大学校园的鹟类，北灰鹟、乌鹟和灰纹鹟的颜色非常相似，因此非常不易区分，需要通过以下几点来加以辨识。首先是看胸部的颜色：灰纹鹟胸腹部有清晰的深灰色纵纹；乌鹟胸腹部的斑纹模糊，但与灰纹鹟斑纹有时比较相似；而北灰鹟胸腹部很干净，斑纹较少。接下来看翅膀与尾巴的距离。北灰鹟和乌鹟翅膀收拢时翅尖与尾羽末端有明显的距离，而灰纹鹟翅膀收拢时翅尖和尾羽末端距离十分接近。也就是说，如果胸部很干净、无纵纹，即为北灰鹟；如果胸部有纵纹，便观察翅尖到尾巴的距离，翅尖距离尾羽末端较远的是乌鹟，翅尖接近尾羽末端的则是灰纹鹟。

13 乌灰鸫和灰背鸫

01/02 乌灰鸫(左雄右雌)
03/04 灰背鸫(左雄右雌)

乌灰鸫雄鸟与灰背鸫雄鸟区别较大,但是两者的雌鸟十分相似。两者的雌鸟都有灰褐色的背部、橘黄色的肋部和胸前的黑色纵纹。要区别两者的雌鸟,需要仔细观察其肋部和胸腹部。灰背鸫雌鸟的黑色纵纹在胸腹部交界处便戛然而止,两肋橘黄色区域较大;乌灰鸫雌鸟两肋的黑色纵纹会一直延伸到腹部下方,两肋橘黄色区域较少。

14 白眉姬鹟和黄眉姬鹟

01/白眉姬鹟
02/黄眉姬鹟

白眉姬鹟是长江流域及以北地区的夏侯鸟，黄眉姬鹟在迁徙季节也会经过中国东部。二者对栖息环境的喜好类似，有时会同时出现。白眉姬鹟和黄眉姬鹟的雄鸟长相虽然类似，但是通过它们显著的眉纹可以很好地辨认，然而它们的雌鸟却没有这么明显的辨识特征。两者的雌鸟都是颜色略显暗淡的橄榄绿色小鸟，要区分它们，需要观察飞行时雌鸟的腰部。白眉姬鹟雌鸟腰黄，黄眉姬鹟雌鸟腰无黄色，这是二者最大的区别。

15 怀氏虎鸫和宝兴歌鸫

01/怀氏虎鸫
02/宝兴歌鸫

怀氏虎鸫和宝兴歌鸫都为黄褐色且具黑斑的鸫类，颜色和形态也很类似，乍一看很容易混淆，但亦可通过以下几点加以区分：宝兴歌鸫的头顶和背上干净无杂斑，怀氏虎鸫背上遍布鳞片状的斑纹；宝兴歌鸫下体的黑斑为圆点状，怀氏虎鸫下体的黑斑呈月牙状。抓住以上两个识别要点，就不难区分二者了。

附录

观 鸟 须 知

Ⅰ 观鸟的时间

鸟，一年四季均可观察，不同的季节可以看到不同的鸟。在一定区域内，有的鸟四季常在，我们称之为留鸟；有的鸟只在夏季或冬季出现，我们称之为夏候鸟或冬候鸟；有的鸟只在春秋迁徙季短暂停留，我们称之为旅鸟。不同的季节里，某个地区观察到的鸟的种类与数量也有不同，春秋两季由于能同时观察到候鸟与旅鸟，因此鸟类种类也更丰富。日常观鸟的时间应与鸟类的活动规律相适应，不同的鸟“作息”时间不同。一般来说，清晨、傍晚时段鸟类较为活跃，以清晨观鸟为更佳，俗话说“早起的鸟儿有虫吃”，那么“早起的人儿有鸟看”。

Ⅱ 观鸟的地点

每种鸟有其特定的栖息环境，有的鸟喜欢开阔的草地，有的鸟喜欢茂密的树林，有的鸟喜欢低矮的灌丛，有的鸟喜欢开阔的水域，等等。如果你要观察某种类型的鸟，就要去到相应的环境。作为“观鸟小白”，可以先从身边的环境开始观察，比如住宅小区、单位周边、学校及城市公园的草地、林带、水塘等。

Ⅲ 观鸟的工具

1. 望远镜

大部分鸟都会跟人保持一定的安全距离，因此双筒或单筒望远镜是观察鸟类的必备工具。手持双筒望远镜，以体积小、轻便、防雨为佳，放大倍数 8 至 10 倍为好，适于观察近距离或活动性较大的鸟类。单筒望远镜放大倍数一般在 20 倍至 60 倍之间，体积较大，需固定架设好后使用，机动性能较差，适合在视野开阔的地带远距离长时间观察。

2. 记录工具

在观鸟过程中应养成及时记录的好习惯。可以使用小笔记本、手机等电子设备记录。每天的记录建议当天整理，并即时上传到专业的网站或 APP，可以留下个人的观鸟历程。

3. 出行装备

穿着应当舒适，以灰、黑、蓝、绿、迷彩等颜色为宜。视情况，需携带足量的食品、水、药品、雨具等。

Ⅳ 观鸟的注意事项

1. 避免惊扰

保持安静，不高声喧哗；不使用闪光灯、强光设备；严禁以吹口哨、击掌、掷石等方式惊扰鸟类；不投喂、接触鸟类；遇到育雏的鸟巢勿要宣传。

2. 个人防护

注意防晒，戴上帽子；穿长衣、长裤和高帮鞋（最好防水），防止被树枝等划伤或被蚊虫及蛇等咬伤；不要轻易涉水观鸟；如果去较为偏僻的地方观鸟，需结伴而行。

鸟的基础知识

Ⅰ 鸟的身体各部位的名称

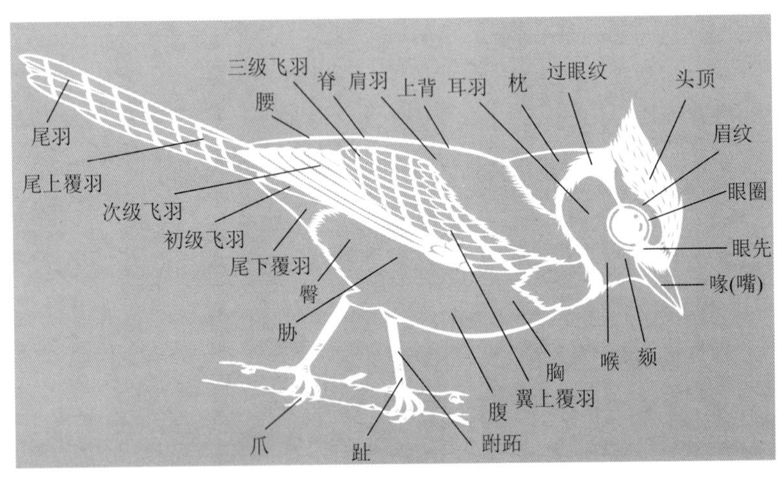

身体形态图（剪纸：曲莉丽）

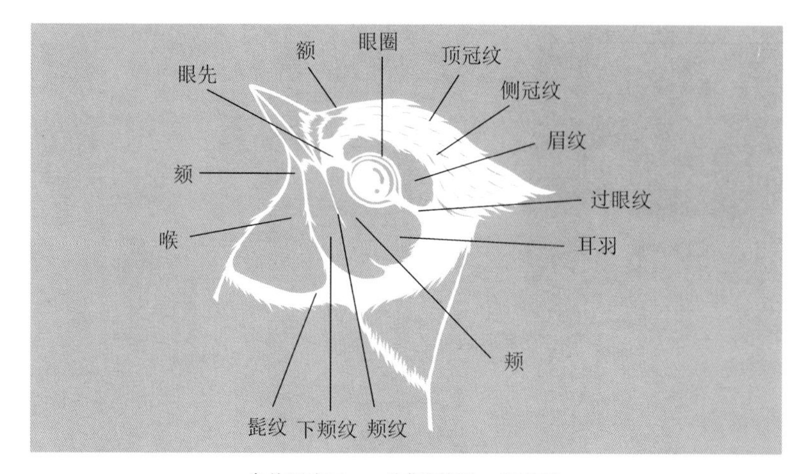

身体形态图——头部(剪纸：曲莉丽)

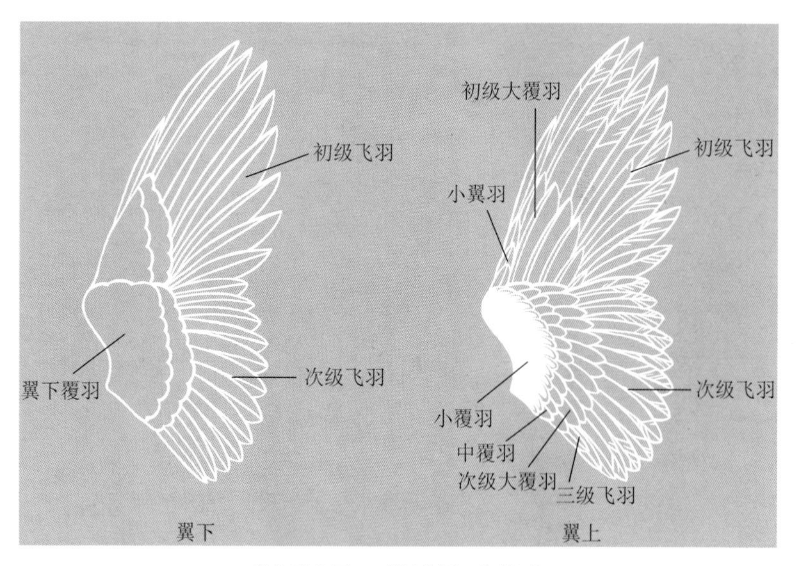

身体形态图——翅(剪纸：曲莉丽)

上述鸟的结构太专业、太复杂，对于初进观鸟圈的人群，尤其是小朋友们来说有点难，甚至太难。我们在书的前面制作了一个简易的版本，大家在跟别人描述所看到鸟的模样的时候，用该版本上描述的特征，基本就能表达清楚。

Ⅱ 鸟的种类

全世界约有10000种鸟，中国现有1490多种，鸟的分类方法有很多，传统分类法是按纲、目、科、属、种分类，我们会在附录中给出相关信息；也有的是按鸟类的生态类型、鸟类迁徙的行为等分类，本书主要介绍这两种分类方式。

1. 按生态类型分类

根据鸟类的生活习性、形态结构等特点，分成游禽、涉禽、陆禽、鸣禽、攀禽、猛禽六种生态类型。

（1）游禽。趾间有蹼、善于游泳、喜欢在水中活动的鸟类，如雁、鸭、天鹅、鸬鹚、鸥等。

（2）涉禽。嘴、颈、脚都长，在沼泽和水边等浅水区活动的鸟类，如鹭、鹤、鹳、鸻、鹬等。

（3）陆禽。嘴钝、足强、翼退化，在陆地上活动的鸟类，如雉、鹑等。

（4）鸣禽。嘴小，喉部具鸣管的善于鸣唱的雀形目鸟类，如灰喜鹊、乌鸫、画眉、黑枕黄鹂等。

（5）攀禽。脚趾排列有特点，善于攀缘树木的鸟类。如脚趾两前两后的啄木鸟、鹦鹉、杜鹃等，三四趾基部并连的戴胜、翠鸟等，四趾向前的雨燕等。

（6）猛禽。翅膀强而有力、喙爪尖利的掠食型或腐食型鸟类，有鹰、雕、鵟、鸢、鹫、鹞、隼、鹗、鸮、鸺鹠等。

2. 按鸟类迁徙的行为分类

（1）留鸟。常年居住在出生地，不随季节迁徙，四季可见的鸟类，如灰喜鹊、麻雀、白头鹎、鹊鸲、黑水鸡。

（2）候鸟。随着季节变化而南北徙移的鸟类。分为夏候鸟和冬候鸟，同一种鸟在不同的地方“身份”可以转换。

① 夏候鸟。在某一地区度夏,秋季离开的鸟就称为该地区的夏候鸟。如江淮地区的杜鹃、卷尾。

② 冬候鸟。在某一地区越冬,春天离开的鸟就称为该地区的冬候鸟。如江淮地区的北红尾鸲、斑鸫。

③ 旅鸟。迁徙途中经过某一地区的鸟,则为该地域的旅鸟。如江淮地区的灰纹鹟、白腹蓝鹟。

(3) 迷鸟。偏离其正常分布区域的,出现在本不应该出现的区域的鸟。如江淮地区的红嘴山鸦。

中/国/科/大/校/园/鸟/类
鉴/赏/指/南

中文名索引

编 者 的 话

黄丽华

中国科学技术大学生命科学学院副教授、校学生自然保护协会指导老师。从2013年开始观鸟，近5年来，热衷于科普工作，在学校、科技馆等进行鸟类的公益科普讲座近70场，幽默风趣，备受孩子喜爱。

2013 年底的某天，在办公室听学生聊起鸟的一些事情，我就随口问了一下，校园里大概有多少种鸟，学生说，常见鸟大概有 20 多种。天呐！这么多，他们怎么能认得清楚呀！顿时，我大脑一片空白，如此多的鸟，我怎么从来没有见过？我就问：“说说看，大概都有哪些。”学生说：“喜鹊、灰喜鹊、灰椋鸟、丝光椋鸟、珠颈斑鸠、山斑鸠……”我有点晕。很巧的是，正好有个学生——刘志恒，对观鸟非常痴迷，我就约他在校园随便转转，这才知道，原来我连众所周知的麻雀都认得不是很清楚，五十多年前还养过。也就是这次的随便转转，除了看到了校园最最常见的一些鸟，还看到了戴胜和普通翠鸟，我第一次知道还有如此美丽的精灵就在我们的身边。刘志恒同学非常认真地给我讲解珠颈斑鸠与山斑鸠的区识，雌雄异形的黑尾蜡嘴雀，小鸊鷉和黑水鸡叫声的差异，等等。从此一发不可收拾，我的观鸟足迹从校园走向校外，走向全市，走向全省，走向全国……目前我的足迹遍及国内的 30 个省、自治区、直辖市，并打卡七大洲、四大洋及北极极点。

我刚观鸟的时候，觉得“太难了”，独自出去，感觉啥鸟都不认识，很多鸟也没办法跟别人描述清楚，怎么办？只能买相机记录下来，再请教他人辨识。现在不管去哪，拍摄装备都是我的必带物品。经过点点滴滴的积累，再加上自己的一点点勤奋，自费观鸟的七余年里，我在野外目击鸟种国内超 900 种，国外超 500 种。

从最开始的“目中无鸟”到现在对中国科学技术大学校园鸟类的几乎如数家珍，也是经历了很长一段时间的“努力与磨炼”。随着“走南闯北”，个人观“鸟种”数量的迅猛增加，“名气”也随之而来。向我询问鸟名或鸟的一些常识的人也越来越多。现在在我看来一些非常“简单”的鸟，对于很多人来说还是那么的陌生，也就想到了曾经的自己，什么喜鹊、灰喜鹊、灰椋鸟、丝光椋鸟……一脑子“糨糊”。

随着人们生活水平的改善和对自然认知的提高，关注环境、关注生物多样的人也越来越多。随之而来的种种与自然有关的书籍也如雨后春笋般出版发行。相对于校园植物，鸟的辨识难度更大。作为中国科学技术大学学生自然保护协会的指导老师，每每看到那些喜爱自然、热爱自然的孩子们在社交软件的群里问各种校园鸟，就觉得自己有责任和义务为大家解惑答疑。于是就在 2019 年自编的《中国科大常见鸟类识别》手册的基础上，再次启程，与自然协会的两位同学编写了这本《中国科大校园鸟类鉴赏指南》，希望能为大家在校园观鸟时提供一本切实可用的参考书。

从好奇→观鸟→认鸟→拍鸟→拍鸟的记录照→拍鸟的“靓照”→能够用于图鉴的鸟片，这种“层次差别”所付出的时间和精力不是线性叠加的，而是几何增长的。关于校园鸟类的资料积累充满了困难，有的鸟只是偶尔路过学校就再也没了身影。为了把鸟拍摄得“活灵活现”，每种鸟都要经过反复地寻找、拍摄和照片编选，尽量为大家展示鸟儿更多可辨识的特征及美妙的姿态。在寻找、拍摄鸟的过程中，不仅要忍受冬天的寒冷，还要经得住夏季烈日的炙烤、闷热与蚊虫的叮咬。虽然这本指南耗费了我太多的时间和精力，但只要想到这本书有可能为初进观鸟圈的人提供哪怕是一点点帮助，我的心中就会倍感宽慰，觉得所有的付出都值得了。

陆骏

中国科学技术大学化学与材料科学学院2012级本科、2016级研究生，曾任校学生自然保护协会会长。自幼喜欢动植物，2012年接触观鸟至今，校园观察长达9年。

我是通过中国科学技术大学学生自然保护协会开始“观鸟”这个特别爱好的。一开始，我只是走进森林里看看，基本不太认识什么鸟。那些厚厚的鸟类图鉴翻起来就很头疼，往往看见了一只不知名的鸟，在翻书识别的时候就放弃了。有时候跟着“大神”看“二手鸟”，大神说什么鸟就是什么鸟，少了很多的乐趣。幸运的是我没有早早放弃，而是细火慢炖般地尝到了观鸟的滋味：通过鸟儿的到来，我开始更细腻地感知时间；通过它们栖息的环境，了解空间；通过它们形形色色的外表、行为以及性格，我开始更包容地看待这个世界的不同。我也更愿意分享这件我觉得快乐的事，希望大家也敲醒沉睡的心灵，好好看看我们生活的世界。生命不易，来这个世界一回，麻木地错过她最现成的模样岂不可惜？凡事讲究由浅入深，希望这本《中国科大校园鸟类鉴赏指南》能够帮助大家少走弯路，发现这些就在我们身边的小精灵们，你就是入门的观察自然者啦。

霍万里

中国科学技术大学核科学与技术专业2013级硕博连读研究生。热爱自然，从事野外自然观察长达10余年。

人生就是一场旅途，总会路过许多风景。有时候生活就像坐上了一列高速火车，火车一掠而过，一些风景也就错过了。然而“一花一世界，一叶一菩提”，假使我们走得慢一点，偶尔驻足停留细细品味一番，一些常伴在身边的有趣之物也就浮现出来了，一花一木也并非如我们想象的那般普通。

书稿完成时一统计，好家伙，校园里的鸟类竟有100余种，且随着观察时间的增加，数量一定还会继续增长。随之暗自庆幸自己没有错过身边的这一道隐秘的风景。本书中记录的相关内容是我们日常生活中点点滴滴的留心之作，这些鸟出现在早晨睁眼的第一缕晨光中，出现在我们日常行走的道路旁，出现在窗外远眺的白云下，出现在晚饭后闲暇的晚霞里。

校园作为城市的绿地，传承和培育着人类文明的火种，也承载着这些自然精灵的衣、食、住、行。这些鸟儿作为地球的居民和我们共享着同一片天空，呼吸着同一抹空气，只是它们离我们太近且陪伴我们太久，成为了我们世界中的理所当然。所有的普通必然都不普通，它们有很多我们不知道的秘密，当我们路过它们时，放飞我们的眼睛和耳朵，在室外的阳光下，在树林的绿荫里，在水域的波光中，去感受这平凡但却伟大的沿途风景吧！